江苏第二师范学院学术著作出版
资助项目

变化环境下秦淮河流域水文生态响应与调控研究

马小雪◎著

河海大学出版社
HOHAI UNIVERSITY PRESS
·南京·

图书在版编目(CIP)数据

变化环境下秦淮河流域水文生态响应与调控研究 /
马小雪著. -- 南京 : 河海大学出版社，2023.12
ISBN 978-7-5630-8569-9

Ⅰ. ①变… Ⅱ. ①马… Ⅲ. ①秦淮河—流域—水文环
境—生态效应—研究 Ⅳ. ①X321

中国国家版本馆 CIP 数据核字(2023)第 236844 号

书　　名	变化环境下秦淮河流域水文生态响应与调控研究	
	BIANHUA HUANJING XIA QINHUAIHE LIUYU SHUIWEN	
	SHENGTAI XIANGYING YU TIAOKONG YANJIU	
书　　号	ISBN 978-7-5630-8569-9	
责任编辑	陈丽茹	
文字编辑	殷　梓	
特约校对	李春英	
装帧设计	徐娟娟	
出版发行	河海大学出版社	
地　　址	南京市西康路 1 号(邮编:210098)	
网　　址	http://www.hhup.com	
电　　话	(025)83737852(总编室)	
	(025)83722833(营销部)	
	(025)83787104(编辑室)	
经　　销	江苏省新华发行集团有限公司	
排　　版	南京布克文化发展有限公司	
印　　刷	苏州市古得堡数码印刷有限公司	
开　　本	718 毫米×1000 毫米　1/16	
印　　张	9.75	
字　　数	158 千字	
版　　次	2023 年 12 月第 1 版	
印　　次	2023 年 12 月第 1 次印刷	
定　　价	68.00 元	

前　言

　　水资源是人类生存和发展的基本条件,是支撑社会经济系统和地球生态系统不可替代的基础性自然资源和战略资源。然而,近几十年来,全球气候变化与人类活动的影响不断加剧,全球水文系统发生着剧烈的变化,城市内涝、水体黑臭、河湖生态退化等水问题与水危机层出不穷。水资源短缺和环境恶化已成为世界性的问题,是当前人类面临的严峻挑战之一。气候变化和人类活动产生的水文生态环境效应成为国际研究的前沿和热点。

　　随着城市化的发展,长江下游平原河网呈现河网水系向不透水面演变的单向变化过程,形成了大量的高污染场地,人类活动与气候变化对长江下游支流水网区的叠加影响,进一步打破了河网水体生态环境与社会经济系统的平衡,高密度的人口和建设用地集聚使此区域水环境问题的社会和经济危害极大。造成这些变化的主导因素究竟是气候变化还是人类活动、两种因素对水文水环境产生了怎样的影响,成为亟待解决的问题。为此,本书在深入分析国内外相关研究的基础上,利用多元统计方法探讨了流域径流和水质的演变规律和驱动机制;研究了土地利用演变态势并预测了未来变化趋势;基于SWAT模型构建了秦淮河流域水文模型和非点源污染模型;综合SWAT模型、土地利用预测模型、气候模型模拟了未来水文和水质过程。本书在构建SWAT模型及揭示研究区域径流与水质变化的成因机制上具有一定的创新性。

　　本书的研究和出版获得江苏第二师范学院学术著作出版资助项目、教育部人文社会科学研究青年基金项目(项目编号:21YJCZH106)、江苏第二师范学院人才引进项目(921001)、江苏省水利科技项目(2014050)的支持。同时,感谢江苏省水文水资源勘测局南京分局为本书提供秦淮河流域的水质数据。另外,感谢南京大学王腊春教授对书稿大纲和题目的建议和审定,感谢

1

卞子浩对"2.4　基于 CLUE-S 模型的未来土地利用变化预测"中 CLUE-S 模型构建的校准和验证,感谢胡启航对"5.5.1　典型年气候条件下不同土地利用情境的模拟结果"中数据的更新。

由于作者水平有限,书中难免存在疏漏和不足之处,敬请广大读者批评指正。

目 录

《《《 第1章

绪论

1.1 研究背景与意义

气候的变暖、城市人口的增加、社会经济的发展引起了全球环境变化,而最直接的环境变化是水资源的变化和水质的恶化。自 20 世纪 80 年代以来,中国大多数河流实测径流呈现出减少趋势、水环境质量呈现恶化趋势。气候变化和人类活动被认为是引起这些变化的主要驱动力。在 1997 年联合国教科文组织颁布的水资源评价手册中就曾指出水资源评价需要考虑气候变化及土地利用/覆被变化(LUCC)带来的影响。气候变化通过直接改变降水、气温、蒸发而使得高山和极地冰雪融化以及海平面上升,带来洪水、涝渍与干旱灾害,同时这些变化又带来了水循环的连锁响应:如水资源供需失衡、水旱灾害次生影响、水环境容量减少、水生态系统退化等,有可能对饮水、粮食、生态和社会等构成威胁。而城市化既是人类活动改变地表结构最强烈、最深入的结果之一,也是影响水循环过程中最主要的土地利用变化之一。城市化使得先前的自然植被或农作物等覆盖类型被道路、停车场、人行道、房屋、雨水或污水管网等城市土地利用覆盖类型所代替,这些土地利用类型的变化使得陆地表面的不透水面增加,不透水面的增加又改变了蒸散发速率,限制了雨水的土壤入渗,增加了地表径流、洪峰流量和暴雨洪水频率,减少了地下水的入渗补给,同时土地利用变化也带来了水质恶化、水生生境破坏、水生态系统失衡、水生生物物种减少等水生态环境问题。随着气候变化和土地利用变化对径流和水环境的影响研究相继增多,定量评价气候变化和人类活动对径流的影响研究也逐步兴起,这为进一步全面系统综合分析比较气候变化、城市化驱动的土地利用变化对径流和水环境的影响提供了便利条件。

自 2000 年以来,秦淮河流域内的气候、人口、经济和土地利用类型、水利工程等随着城市化的推进而不断地改变,众多河流水系的自然状态发生改变,引发了河流水质恶化、水体黑臭、河道生境破坏、洪涝灾害、干旱灾害等一系列的水问题。南京大学许有鹏发现受人类活动的影响,秦淮河流域内的河道长度减少、河网结构简化、河道调蓄能力降低、河道主干化、水系连通性降低、河网密度下降、河网稳定程度降低、面状水体明显缩小。一些学者先后通过实地调查、模型模拟、对比分析等方法,发现在城市化的推动下伴随流域内不透水面积增加,流域内洪峰流量、径流量、径流系数、径流深等水文通量也随之增加。河网水系、水文过程发生变化的同时,水环境质量也在发生着巨大的变化。已有研究指出秦淮河干流及上游河道化学耗氧量、氨氮、五日生化耗氧量、总磷常常超标,内秦淮河时常呈现黑臭状态风险。周贝贝等认为随着城市规模的扩大和经济的发展,该流域河水发黑发臭,水面垃圾漂浮,蓝藻密度变高。李跃飞调查发现,随着秦淮河两岸的农业用地向工业用地和城镇用地的转变、居民相应增加,氮磷成为秦淮河的主要污染物。可见,秦淮河水质状况不容乐观。而秦淮河是长江南京段重要的受水区,其入江段水质的劣化会直接威胁长江南京段的饮用水水源地的供水安全;另外,秦淮河作为南京市重要旅游景观河道,其水质的好坏直接关系到秦淮河流域的旅游景观建设和南京市城市化与可持续发展。因此,分析研究流域内径流、水质等对气候变化和城市化的响应,正确认识径流、水环境变化趋势和原因,是实现变化环境下水资源管理、水资源优化配置和水资源可持续开发利用,保障社会经济快速稳定发展等方面的重要基础工作,也为目前亟须解决的城市河道水污染治理、水资源保护等问题提供借鉴。

1.2 人类活动对水文水环境的影响

本研究所提及的人类活动主要包括两个方面:一是人类在城市化建设、水利工程建设以及水土保持等过程中造成的下垫面条件的改变;二是在生态城市化建设中为改善区域水资源状况而实施的流域调水工程。

1.2.1 土地利用/覆被变化(LUCC)对水文水环境的影响

受城市化进程中的土地利用/覆被变化(LUCC)的影响,天然水文过程和水环境质量发生了显著变化。城市化进程中的土地利用变化引起的全球水问题已经成为国际的热点问题和研究前沿领域。

1. 对水文过程的影响

短期内城市化、生态调水、水工建筑的修建等人类活动对水文过程的影响要大于气候、地质构造、地貌形态、地形特征、土壤形态、植被分布等自然因素的影响,并且城市化驱动的LUCC被认为是改变降雨径流过程的关键。

城市土地利用变化引起局部入渗量、林冠截留量和流域持水能力下降，从而直接或间接地影响了河川径流(streamflow)、地表径流(surface runoff)、基流(baseflow)、横向流(lateral flow)、地下径流(subsurface runoff)、暴雨径流(storm runoff)等水文通量。城市化下的水文响应在不同的地区有不同的结论:Jennings、Kim、Beighley 等认为不透水面的增加会增加河川径流量。Zhou 等发现城市化对整个西苕溪流域的年河川径流和蒸散发量影响不大(城市化对某些子流域的河川径流有较大影响),但是城市化却使得地表径流、流量峰值显著增加。Beighlry 等发现在地中海气候区城市化会增加径流总量,减少河川径流量。Verbeiren 等利用遥感和降雨-径流模型(Wetspa)模拟城市土地利用对水文的影响,结果表明城市化使得洪峰流量和径流总量增加。Brun、Chang、Zhou 等发现城市化的发展并没有使得年径流总量增加。Choi 和 Deal 发现 1970—2010 年间美国基什沃基(Kishwaukee)流域的城市土地利用变化对年平均径流的影响较小,即使研究模拟到 2051 年,年平均径流量的增加值也只有 1.7%,但却发现城市土地利用变化使得地表径流显著增加。White 和 Greer 发现在美国加利福尼亚地区,即便是城市化率从 9% 上升到 37%,总径流变化也并不显著。虽然城市化对总径流量的影响不是很显著,但是却对季节性径流产生了重要的影响。Du 等研究发现 1988—2009 年间秦淮河流域透水面的减少、不透水面的增加并没有使得年平均径流深有明显的增加(0.2%),但相比湿季,对旱季径流深的影响要更明显。Brilly 等发现在城市密集的小流域,城市化对径流的影响更明显,并认为不同流域的城市化对径流产生的影响主要依赖于流域尺度大小和城市发展规模。

另外,城市化是影响水循环过程的最主要的一种土地利用/覆被变化形式。城市化下的土地利用变化通过城市不透水面的增加、植被的去除、排水管网的改变影响区域水平衡,使得地表径流量增加,浅层地下水的蒸散发量减少。Kondoh 在探索日本首都圈的城市化过程对水循环的影响时发现,城市化使得蒸发量和地下水量减少,但使得地表径流量增加。White 和 Greer 发现城市土地利用的增加使得最小、中等日流量,流量峰值,洪水量以及枯水季径流量增加。Sterling 等认为土地利用变化通过改变蒸发量和蒸发的时间而改变水循环,并认为相较于其他的驱动因素,土地利用/覆被变化(LUCC)是引起径流和蒸散发变化的最主要因素。

2. 对水环境的影响

土地利用变化是水质恶化的最主要原因。Tu 认为由于流域特点和污染源不同,不同地区的土地利用类型和水质参数之间的相关性不一致,不同的土地利用类型对应着不同的水污染问题。例如,Tong 和 Chen 发现在美国俄亥俄州流域的 TP、TN 和商业、居住、农业用地之间有很强的正相关关系;Williams 却发现在伊普斯维奇流域 TN、TP 和城市、农业用地之间并没有相关性。Tran 等认为土地利用对水质的影响主要取决于研究区流域面积的大小,不同土地利用类型和不同水质参数之间的相关性也不同。Kang 等发现韩国荣山江流域的大肠杆菌和肠球菌主要来源于工业和城市土地利用类型,而重金属主要来源于农业、工业、矿业等土地利用类型。Tu 发现城市化较弱地区的商业用地和工业用地与综合水污染浓度之间的正相关关系要强于高度城市化地区,同时发现农业用地、居住用地、娱乐用地与综合水污染浓度在城市化较弱地区具有显著的正相关关系,而在高度城市化地区却具有显著的负相关关系。Yu 等研究深圳市的不同土地利用类型与水质参数之间的相关性,发现自然植被林地对水质具有改善作用,具有生态利用价值的果园在一定程度上也改善了水质,而农业和人类建筑用地则被认为是水质恶化的最大污染源。同时,Bu 也发现不同季节下的土地利用和水质之间的相关性也不同,以辽宁太子河流域的城市土地利用为例,在旱季,建筑用地面积与 pH、DO 成反比,与 EC、Cl^-、SO_4^{2-}、SiO_3^{2-}、NH_4^+-N、TN、NO_2^--N、PO_4^{3-}、TP 呈正相关,与 TDS、BOD_5、COD_{Mn}、NO_3^--N 没有明显的相关性;然而在雨季,建筑用地面积与 TDS、BOD_5、COD_{Mn} 呈正相关关系,与 NO_2^--N、PO_4^{3-} 却没有明显的相关性。

虽然不同土地利用类型与不同水质参数之间的相关性不同,但是研究人员普遍认为城市化使得水环境质量恶化。Yin 等发现水质最差的监测点在城市地区,并认为城市污染物带来的影响要远大于农业非点源污染带来的影响。Tu 和 Xia 认为土地利用变化与水质因子之间的相关性不是确定的,例如,在城市化水平比较高的地区农业用地可改善水环境质量,而在城市化水平不高的地区农业用地却是水质恶化的一个主要污染源。Wang 等认为城市的水质要差于郊区和农村的水质。Kibena 等分析土地利用变化和水质数据之间的相关性,发现居住用地和农业用地对水质产生了负面影响。

1.2.2　水工建筑物对水文水环境的影响

水库、调水工程、坝系、沟道工程等水工建筑物被修建用于解决农业灌溉、水资源短缺、洪水控制、水质改善、发电等方面的问题,例如,"三峡大坝工程""引江济汉工程""引江济太工程""南水北调工程"等的修建。水工建筑物的修建带来的最大变化就是水量的重新分配,同时也引起了水文要素的变化。例如,Yang 等和 Yi 等发现三峡大坝的修建导致蒸发量和用水量的增加以及下游夏季河川流量的减少;Shankman、Nakayama 等发现三峡大坝和南水北调工程的修建影响了长江下游鄱阳湖地区的洪水频率和强度;Guo 发现三峡大坝的修建改变了长江的水位和流量;Petts 认为水库的修建使得河川径流量的季节性变化特点消失;徐国宾发现黄河调水调沙增大了主槽的平滩流量;Ma 等还发现从长江调水至里下河地区,可改善下游入海通道的泥沙淤积状况。另外,调水也是一种通过加速水体的交换、稀释水污染等快速改善水质的紧急应对策略。Hu、Zhai 等都认为调水改善了太湖水质,降低了太湖水体中的浓度,但是频繁的调水也增加了太湖水体中的氮磷含量,并诱发了超富营养化。Ma 等发现从长江调水至里下河地区可改善其总体水质状况,但调水初期也使得某些河段的水质变差。姚庆祯等发现黄河的调水调沙工程对水中的无机氮并没有很大的影响。Li 等认为调水是应急改善水环境的对策之一,对受水区面积比较大的湖泊或者流域来说,调水先改善近引水口区域,且调水对区域水质的改善存在时空异质性,有限调水时间内极有可能会导致下游区域水质恶化。综合来看,受水区的水质是否得到改善主要取决于调水区的水质状况、调水路线的水质状况,另外还有调水的时机、周期以及持续的时间等。

1.3　气候变化对水文水环境的影响

区域水资源对气候变化的响应研究最早开始于 20 世纪 70 年代。1977 年美国国家研究协会(UNSA)对供水和气候变化间可能存在的相互关系进行初探,1985 年世界气象组织(WMO)出版相关的报告,1987 年国际水文科学协会举办专题学术会议,1990 年《气候变化与美国水资源》一书出版。

自此之后,相应的研究也逐步增多,这些资料和会议为研究水文水资源对气候变化的响应奠定了基础。气候变化对径流的影响研究目前主要有两个方面,一个是水文气象的时间序列变化特点,另一个是流域降水、蒸发变化导致流域的径流时空变化。Mimikou 等发现气候变化使得月径流量减少和平均年径流量减少。Semadeni-Davies 等认为气候变化增加了基流,并对洪水有巨大的影响。Tu 认为土地利用和气候的变化改变了河川径流量的季节性分布,其中气候变化对秋冬季河川径流量的增加和夏季河川径流量的减少起到了重要作用。Githui 等发现气候变化使得维多利亚湖流域的地表径流呈显著增加趋势;Li 等认为气候变化使得青海湖的湖水位下降、湖水面积缩减。Abdulla 等研究表明,气候总体上呈现变暖的趋势,而这种变暖趋势会对半干旱地区的径流和地下水补给产生显著的影响。Zhang 等认为气候变化在未来的 40 年里并不会导致年降水量和蒸发量有很大的变化。Gu 认为气候变化使得长三角地区的海平面上升,可能导致沿海城市洪水事件的频发。Luo 等发现气候变化使得加利福尼亚夏季的河川径流量减少。总之,全球变暖下的水资源变化存在着地区差别,并没有足够的证据证明气候变化使得全球径流量增加还是减少,目前尚未有统一的结论。气候变化对水文的影响研究逐步增多,但相比较而言,气候变化对水环境的影响研究就显得相对不足,而且侧重于和土地利用变化一起来研究对水质的影响。Mimikou 等认为气候变化使得 BOD_5、NH_4^+-N 浓度增加,DO 浓度减少。Tu 认为受气候变化和土地利用变化的双重影响,秋冬季的氮污染增加。Wilby 等认为气候变化对水资源和水质的影响存在不确定性,并认为气温升高导致氮浓度增加。Park 等认为气温变暖使得韩国忠州湖(Chungju Lake)地区的 TN 和 TP 浓度升高。

1.4 已有研究评述

1.4.1 土地利用变化与气候变化的分离与综合研究

关于土地利用变化和气候变化对水资源的影响研究正逐渐增多,综合研究逐步兴起。通过总结前人的研究发现,研究土地利用变化的影响时会把气候变化当作常量来考虑,而研究气候变化的影响时又会将土地利用变化当作常量来考虑。Semadeni-Davies 发现综合考虑城市化和气候变化会使得总基流量增加,但是倘若只考虑城市化则发现不透水面的增加会导致基流减少,而只考虑气候变化则发现基流是增加的。Tong 等认为当今有必要将气候变化和土地利用变化结合起来综合分析其对水文或水环境的影响,而不是单独考虑其中一个因素的变化对水文或水质的影响。因此,只单纯考虑一方面则可能扩大问题或者得出错误的结论,应综合考虑两者的影响。而哪一个产生的影响更大也是目前值得探讨的一个问题。Sala、Vorosmarty 等认为土地利用变化对水文、水质以及植被等环境变化产生的影响超过气候变化带来的影响。Chapin、Sala 等预测 2100 年土地利用变化对生物多样性的影响可能比全球尺度内的气候变化、氮沉降、外来物种入侵、CO_2 浓度上升等变化产生的影响更显著。Wilson 等认为气候变化和土地利用变化都同时影响水质,但是气候变化对水质产生的影响要大于土地利用变化对其的影响。同时,气候变化与城市化又是相互影响的,快速的城市化进程通过改变碳循环而引起气候变化。Gu 等认为城市化进程中的土地利用变化、工业活动、人口增加会导致大气中的碳浓度增加,引发城市热岛效应,改变城市地区的局部气候;而气候变暖会引起海平面的上升和城市地区的洪水灾害,从而又会间接地限制沿海城市的发展。

1.4.2 变化环境下的水文与水环境的相互影响

气候变化和城市化改变了原有的水文和水环境,而水文和水环境又相互影响。快速城市化不仅带来洪涝灾害、水文极端事件频发的水量问题,也带来水生生境破坏、水生态系统失衡、水生生物种类减少等水环境问题。Gburek 和 Folmar 认为土地利用类型不但与水量有很强的相关性,也与水质有很强的相关性。Tong 也认为流域内城市的发展不但引起了洪水径流变化,也引起了水质恶化。虽然城市发展引起了水文变化,而水文变化又引起了河流和河岸植被的变化,但目前大多数研究却很少强调水文机制变化之后会对河流的生态系统产生怎样的影响。普适性研究认为城市化对大多数物种产生了负面影响,使得本地物种被非本地物种所代替。但是某些研究也发现城市化确实改变了水文机制和水环境质量,但是也使得水资源在时空上重新分配并给某些物种带来了机遇。例如,Tong 等发现城市土地利用变化使得迈阿密河流域的流量增加,同时也缓解了旱季时的水资源短缺问题;White认为不透水面增加之后河流水文机制的变化促进了以杨柳为主的河岸植被的生长;Monteiro-J发现巴西亚马逊河流域的城市化虽然破坏了栖息地的完整度、减少了蜻蜓目物种的丰度(尤其是豆娘的数量),但是却使得蜻蜓数量增加;Boggie和Mannan发现鹰从环境的改变中受益。由此看来,城市发展对物种的影响并不都是负面的,应该用辩证、优胜劣汰的生态学观点来看待问题。所以,在以后的研究中不但要注重研究城市化对水文和水环境的双重影响,更应注重研究城市化导致水文和水环境变化之后水生生态系统是如何变化的,以及水生生物物种是如何适应的。

1.5 研究内容和分析途径

1.5.1 研究内容

1. 土地利用变化特征及其未来土地利用变化预测

选用单一地类动态度、土地利用转移矩阵、土地利用程度变化综合分析等方法研究 30 年来秦淮河流域的土地利用结构和程度的变化特征以及各地类之间的相互转移特征,利用数理统计方法研究引起不同时期土地利用变化的驱动力,并选用依据土地利用与驱动因子之间的经验关系来模拟土地利用变化空间分布的 CLUE-S 模型预测未来土地利用变化。此研究为后续水文模型提供数据支撑,也为未来土地利用规划提供参考。

2. 流域水污染的时空分异特征及污染源识别

选取秦淮河流域 26 个站点的 12 项水质指标,运用多元统计法分析流域水污染的季节性变化规律;借助 ArcGIS、聚类(CA)等方法分析研究区水污染的空间分布特征;然后利用主成分分析(PCA)识别可能影响流域水质恶化的主要污染源;最后进一步分析研究区社会经济、工业污染、农业化肥使用、土地利用类型、生活污染、畜禽养殖以及调水措施、政策调控等对水质的影响。此研究为非点源污染模型提供数据服务和校验依据。

3. 水文模型和非点源模型的构建及其适应性评价

收集流域引江调水和抽水信息数据、水文气象数据、土地利用数据、DEM

等构建流域水文模型;进一步添加普查和实测的点源数据资料、农业管理措施等污染源数据构建流域非点源污染模型;在参数敏感性分析的基础上,利用 SWAT-CUP 软件依据实测径流量、水质等资料对构建的水文模型和非点源污染模型进行率定和验证。

4. 流域土地利用变化和气候变化对水文和水环境的影响

利用经率定和验证的水文模型和非点源污染模型模拟环境变化对水文和水质的影响。首先,在气候不变的情况下,利用水文模型和非点源污染模型模拟土地利用变化对径流和非点源污染的影响。其次,在土地利用不变的情况下,分析气候变化对径流和非点源污染的影响。最后,分析两者同时变化时带来的综合叠加效应,并比较土地利用和气候单独变化情况下的径流和非点源污染特点。

5. 未来环境变化对水文和水环境的影响及其对策研究

未来环境变化中的气候模式需利用统计降尺度模型(SDSM)来实现,然后结合未来土地利用预测结果,与水文模型和非点源污染模型进行耦合,利用多模型耦合方法分析未来城市化和气候变化下的径流和非点源污染过程,分析未来径流和非点源污染的变化趋向。最后依据研究结论对秦淮河流域水资源的可持续利用提出相应的对策与建议。

1.5.2 分析途径

分析途径如图1-1所示。

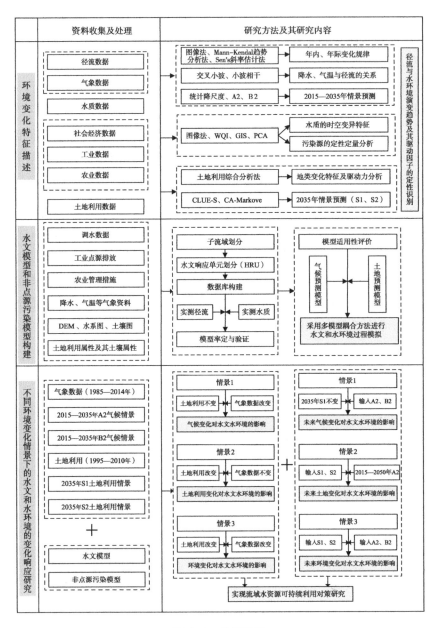

图 1-1 分析途径

《《《 第2章

秦淮河流域土地利用变化特征
及其未来预测

20 世纪 90 年代以来,中国的许多城市都经历了空前的迅速发展,主要表现在城市人口的迅速扩张、自然土地向建筑用地的转变。20 世纪 90 年代以来,秦淮河流域中下游地区经历了快速城市化阶段,2000 年流域人口城市化水平已经达到了 59.3%。土地利用变化分析以及预测技术的发展为土地利用/覆被变化(LUCC)研究提供了契机。本书在分析流域城市化下的土地变化过程及其驱动机制基础上,利用 CLUE-S 模型预测了未来土地利用变化的可能方向。本章既可为后续水文模型提供数据支撑,也可在分析区域城市化发展趋势基础上为未来土地利用规划提供参考。

2.1 研究区概况

2.1.1 自然地理概况

1. 地理位置与河网水系

秦淮河流域位于江苏省西南部,是长江下游南岸的一条重要支流。流域总面积 2 684 km²,干流长 36.61 km,全长 110 km,拥有 19 条支流,其中主体在南京市江宁区和句容市,分别占 40.1%、33.4%,南京市溧水区占 17.7%,南京市区仅占 8.8%(图 2-1)。秦淮河在句容市内有句容南河、中河、北河;江宁区内有牛首山河、云台山河、索墅东河、索墅西河、解溪河、外港河、横溪河等;溧水区内有天生桥河、一干河、二干河、三干河等;秦淮区内有响水河、运粮河、友谊河;雨花台区内有南河。流域上游有南北两源,北源的句容河源自句容市的茅山和宝华山,长约 41 km,集水面积 1 260 km²;南源的溧水河发源于溧水区的东庐山,集水面积 681 km²,河长约 35 km,两源在江宁区西北村附近汇合后逶迤北流,后在河定桥附近分为两支。一支沿河定桥向西,至双闸镇金胜村入江,命名为秦淮新河,这是一条集防洪、灌溉与通航为一体的人工河,始建于 1978 年,河宽 130~200 m,长约 16.88 km。另外一支在南京城东南的东水关附近又被分为两股:一股在通济门外,沿着城墙西流,是南京城南的护城河,习惯上称为外秦淮河;另一股通过东水关进入通济门向西流,因为在城内,故称为内秦淮河。两股河流在水西门外合二为一,继续北流,最终在鼓楼区的三汊河口闸处汇入长江。通过南京市水文局提供的武定门闸和秦淮新河闸站资料发现,从武定门流入长江的多年平均径流量为 6.72 亿 m³,从秦淮新河闸流入长江的多年平均径流量为 3.54 亿 m³,从长江抽水至秦淮新河的多年平均径流量为 1.63 亿 m³,从秦淮新河抽水至长江的多年平均径流量为 0.67 亿 m³。

2. 地形地貌

秦淮河流域是完整的盆地构造,四面环山,自盆地中心向四周依次表现为圩田平原、山地丘陵和黄土岗地的地貌特征。秦淮河流域总面积的 74.3% 为低山丘陵,其余为平原圩区。流域地势特征为东南高、西北低,流域北面为宁镇山脉,海拔高为 300～400 m;南部为溧水区中部的陈山、东庐山等丘陵,海拔高为 200～350 m;西部为云台山、牛首山等山地丘陵,峰高 250～450 m;东面为茅山山脉,海拔高为 250～400 m(图 2-1)。

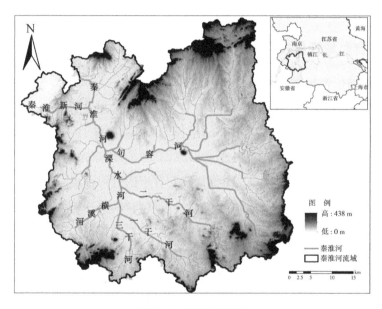

图 2-1 地理位置图

3. 气候状况与水文状况

秦淮河流域地处北亚热带向暖温带过渡的季风区,气候宜人,冬冷夏热,年均气温 15～16℃,日照充足,年均日照 2 240 小时,雨水丰富,多年平均年降雨量 1 034～1 276 mm。受季风环流的影响,每年季风出现的强度和时间有所差异,致使年际、季际之间降雨量差异很大。利用南京市水文局提供的秦淮河流域 13 个雨量站的降雨资料,推算出此地区全年存在三个明显的多雨期,

占全年雨量的 70.6%:4 月和 5 月是春雨期,6 月和 7 月是梅雨期,8 月和 9 月
是台风秋雨期,这三期的多年平均降雨量分别为 189.7 mm、347.7 mm、
205.4 mm,暴雨易出现在 6—9 月。12 月和 1 月降雨最少,仅占全年雨量的
6.3%。秦淮河属山丘中小流域、易旱易涝,初夏旱(5 月 15 日—6 月 15 日)出
现的概率为 18%,伏旱(7 月 15 日—8 月 15 日)出现的概率为 55%,秋旱
(9 月 15 日—10 月 15 日)出现的概率为 35%。圩区易发生洪涝,一般洪水发
生的频率为 2 年,大洪水发生的频率为 5~6 年,特大洪水发生的频率为 20 年
左右,而且往往出现旱涝急转、洪涝并发的情况。

4. 土壤类型

本书选用的秦淮河流域的数字化土壤图来源于《江苏土壤志》,研究区的
土壤类别主要有黄褐土、黄棕土、水稻土(水稻土又细分为潜育和脱育型、渗
育型、淹育型、潴育型)、灰潮土以及少量的石灰土(图 2-2)。各土壤类别的详
细属性可参阅"4.2 空间数据库与属性数据库的构建"。

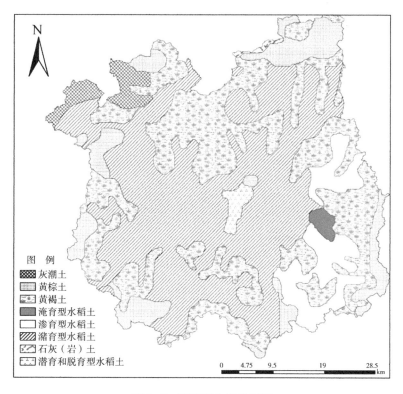

图 2-2　研究区土壤类型图

5. 土地利用类型

将实际收集到的 17 类土地利用类型重新分类为耕地(旱地-AGRL 和水田-RICE)、林地-FRSE、草地-PAST、水域-WATR、城镇建设用地-URHD (城乡住宅用地以及交通、工矿用地、水利等其他建筑用地)、未利用地-SWRN (至今尚未开发的土地,包括难以利用的土地)6 类一级类型。2010 年研究区域耕地覆盖率较高,占流域总面积的 59.97%,其次是建设用地,占流域总面积 23.08%,林地和水域相对较少,分别为 11.74% 和 4.93%,剩下的是草地和未利用地,分别占 0.02% 和 0.26%(图 2-3)。

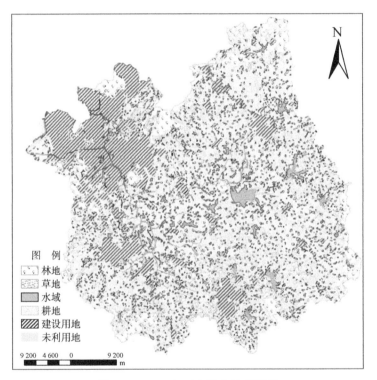

图 2-3 2010 年研究区土地利用图

2.1.2 社会经济概况

秦淮河流域位于我国长江下游地区,物产丰饶,人杰地灵。秦淮河是一条文化名河,有着悠久的历史。秦淮河流域从东吴时代开始就是繁华聚集地,从宋代开始成为江南文化的中心。流域旅游资源丰富,文化氛围浓厚。

秦淮河风光带是享誉全国的 5A 级风景区,人文气息浓厚,丘陵地区有诸如方山、九龙湖、牛首山、溧水天生桥等风光旖旎的江南自然景观和地质景观。秦淮河流域山水城林相映成趣,加之丰富的气候资源,使得该片区域成为久负盛名的旅游文化名区。

流域内现包括南京市 7 个区(江宁、溧水、雨花、建邺、秦淮、玄武、鼓楼)、句容市。流域内的南京市主城区、江宁区、溧水区和句容市分别占流域总面积的 8.8%、40.1%、33.4% 和 17.7%,且区域内部城市化水平存在差异性,2019 年南京市主城区的城市化率在 95% 以上,江宁区、溧水区和句容市的城市化率分别为 74.32%、62.35% 和 59.27%。2011—2015 年秦淮河流域的不透水面增加 2.78%,其中南京市主城区、江宁区、溧水区和句容市分别增加 0.14%、3.95%、2.71% 和 1.87%,在此期间,江宁区的不透水面增加最多。2014—2019 年江宁区、溧水区和句容市城市人口分别增加 19 万人、1.8 万人和 3.55 万人,其中江宁区是南京市城市化进程最快的区域,2019 年江宁区成为南京市常住人口最多的区域。秦淮河流域内有南京禄口国际机场、宁芜铁路、沪宁高速公路、宁杭公路、梅山铁矿等,有国家级江宁经济技术开发区、省级江宁滨江开发区和雨花开发区,同时坐拥江宁大学城和南京主城区的高教资源,拥有发展高新科技与产业的雄厚实力。秦淮河流域作为南京都市圈的核心区域,充分发挥了一定的交通枢纽和经济辐射的作用,区域内不仅有国家级铁路枢纽南京南站,也运行并规划有多条轨道交通线路、城际轨道线路,同时还有具有两条跑道的 4F 级禄口国际机场,真正做到了四通八达、汇集南北。

2.2 数据来源及方法

2.2.1 土地利用数据来源

本研究所使用的土地利用数据来源于地球系统科学数据共享网项目(江苏省 1∶10 万土地利用数据集),数据年份分别为 1980 年、1995 年、2000 年、2005 年、2008 年、2010 年。以此 6 期土地利用数据为研究对象,将实际收集到的 17 类地类重新分类为耕地、林地、草地、水域、城镇建设用地、未利用地 6 类一级类型。选用单一地类动态度、土地利用转移矩阵、土地利用程度变化综合分析等方法研究 30 年来不同时期流域的土地利用结构变化特征、土地利用程度变化特征以及土地利用类型之间的相互转移特征,同时利用数理统计方法(主成分分析法)对 1980—2010 年的社会经济因子(来自《南京统计年鉴》)进行分析,找出引起不同时期土地利用/覆被变化的驱动力,有助于了解秦淮河流域的土地变化走向和更好地解释流域内水文及水环境变化的原因,同时也为生态经济系统可持续发展和流域管理提供科学依据。

2.2.2　未来土地利用预测方法

从已有的土地利用图中选取跨度间隔为 5 年期的 2000 年、2005 年、2010 年三期土地利用图作为土地利用预测模型的基础数据。考虑到水田和旱地对水文和水环境产生的差异性影响,在未来预测模块将土地利用类型做了适当调整,将耕地分为水田和旱地。因为 2010 年增加的未利用地主要是待开发的建设用地,所以,默认未利用地中的空地和可开发部分在未来将转为建设用地,剩余的一小部分难利用地在科技进步的推动下未来将转变为旱地。因此,在未来土地利用预测方面将土地利用类型分为水域、林地、水田、城镇用地、旱地、草地 6 类。另外,土地利用预测模型所需的流域人口分布图和 GDP 数据都来自 2005 年和 2010 年的全国人口分布图和全国 GDP 分布图;水系数据、DEM 数据的详细介绍可参阅"4.2　空间数据库与属性数据库的构建";交通路网数据在 1∶193 万江苏省路网基础上通过矢量化得到。

土地利用变化模型可以帮助人们更好地理解社会、经济、自然变量与土地利用变化之间的相互关系,被广泛应用在未来土地利用情境模拟和预测中。土地类型确定方法常用元胞自动机方法,即根据周边土地利用类型和人为定义的驱动力确定元胞内土地利用类型。但是其邻域转换规则依赖于用户的经验知识,驱动力与土地利用类型变化的关系也通常是经验性的。此外,还有部分模型常常因没有解释不同土地利用类型之间的竞争性而只能模拟一种土地利用类型转变。CLUE-S 模型是在 CLUE(Conversion of Land Use and its Effects)基础上改进得到的一种土地利用预测模型,其根据土地利用与驱动因子之间的经验关系来模拟土地利用变化的空间分布,和其他模型相比,其可以在模拟过程中考虑不同土地利用类型之间的竞争性。同时,CLUE-S 模型通过输入不同的土地需求参数以及土地转换参数,能够较好地模拟政策控制下的土地利用变化情况。因此,CLUE-S 模型被较多地应用于区域土地利用优化和预测中。

2.3 土地利用变化特征及其驱动力分析

2.3.1 土地利用变化特征分析

1. 土地利用结构变化分析

利用土地利用动态度和 ArcGIS 对秦淮河流域的 6 期不同土地利用类型的变化特点进行分析,揭示流域内的土地利用结构变化特征(表 2-1)。

表 2-1 秦淮河流域 1980—2010 年间土地利用结构变化特点

		耕地	林地	草地	水域	建设用地	未利用地
1980 年	面积(km²)	1 915.08	319.53	0.52	117.11	280.39	2.47
	占有率(%)	72.68	12.13	0.02	4.44	10.64	0.09
	1980—1995 年 K(%)	−0.12	−0.35	0.00	−0.39	1.33	0.00
	1980—2005 年 K(%)	−0.36	−0.07	0.00	0.50	2.32	0.00
	1980—2010 年 K(%)	−0.59	−0.16	0.00	0.45	3.98	5.52
1995 年	面积(km²)	1 881.86	303.34	0.52	110.46	336.46	2.47
	占有率(%)	71.42	11.51	0.02	4.19	12.77	0.09
	1995—2000 年 K(%)	−0.61	0.87	0.00	1.45	2.12	0.00
2000 年	面积(km²)	1 824.90	316.57	0.52	118.45	372.19	2.47
	占有率(%)	69.25	12.01	0.02	4.50	14.12	0.09
	2000—2005 年 K(%)	−0.90	−0.16	0.00	2.38	3.79	0.00
2005 年	面积(km²)	1 742.75	313.99	0.52	132.56	442.81	2.47
	占有率(%)	66.14	11.92	0.02	5.03	16.80	0.09
	2005—2008 年 K(%)	−2.17	−3.09	0.00	−0.44	10.63	43.99
	2005—2010 年 K(%)	−1.91	−0.64	0.00	0.04	7.77	33.12
2008 年	面积(km²)	1 629.05	284.91	0.52	130.82	584.08	5.73
	占有率(%)	61.82	10.81	0.02	4.96	22.17	0.22
	2008—2010 年 K(%)	−1.63	3.35	0.00	0.76	2.63	7.24
2010 年	面积(km²)	1 576.38	304.02	0.52	132.81	614.81	6.56
	占有率(%)	59.82	11.54	0.02	5.04	23.33	0.25

(1)从表 2-1 中可以发现耕地、建设用地、林地和水域是秦淮河流域内的

主要土地利用类型。在 20 世纪 80 年代,秦淮河流域的各类土地利用面积大小排序为耕地>林地>建设用地>水域;20 世纪 90 年代以来,秦淮河流域的各类土地利用面积大小排序为耕地>建设用地>林地>水域。

(2) 1980 年至 2010 年间秦淮河流域年变化率最大的土地利用类型是未利用地(5.52%),其次是城镇建设用地(3.98%),耕地和水域的年变化率相差不大,但是变化方向相反,分别是 -0.59% 和 0.45%,其他的两种土地利用类型变化比较小,林地年变化率为 -0.17%。

(3) 未利用地虽然年变化率比较高,但本身所占用的面积就比较小,而城镇建设用地的面积增长量远大于未利用地。未利用地面积在研究期的后 5 年翻了近 3 倍,2005 年的未利用面积仅有 2.47 km²,2010 年未利用地面积增长到 6.56 km²,但在 2005 年之前面积基本上不变。未利用地面积的增加几乎全是由于林地的减少,2005 年至 2010 年,林地被大量砍伐,砍伐之后的空地未被利用,成为未利用地。

总体而言,1980 年至 2010 年间,随着秦淮河流域经济快速发展和城市化进程的推进,建设用地面积大量增加,耕地面积大量减少,建设用地的增加源于耕地的减少。秦淮河流域的土地利用情况在 2005 年至 2008 年间发生了飞速的转变,这一时期的未利用地和建设用地发生了较大变化。

2. 土地利用程度变化分析

依据土地利用综合分析方法得到 1980 年至 2010 年间秦淮河流域土地利用程度综合指数、变化量和变化率(表 2-2)。从表 2-2 中可以发现土地利用程度综合指数($L_{综合指数}$)在[294.230,305.880]范围内,土地利用程度较高。同时也可看出,30 年来区域土地利用程度有所上升,由 1980 年的 294.230 到 2010 年的 305.880,增加了 11.65,从而可判断秦淮河流域的土地利用正处于快速上升发展期。1995—2005 年土地利用程度变化不大,2008 年的 $L_{综合指数}$ (305.600)较 2005 年的 $L_{综合指数}$ (299.420)有较大变化。可见,2005 年之后,本区域的土地利用程度较 1980—2005 年的土地利用程度加大。

表 2-2 1980 年至 2010 年间秦淮河流域土地利用程度综合指数、变化量和变化率

年份	土地利用程度综合指数	土地利用程度变化量	土地利用程度变化率
1980	294.230		

年份	土地利用程度综合指数	土地利用程度变化量	土地利用程度变化率
1995	297.110		
2000	297.640		
2005	299.420		
2008	305.600		
2010	305.880		
1980—1995		2.880	0.010
1995—2000		0.530	0.002
2000—2005		1.790	0.006
2005—2008		6.180	0.021
2008—2010		0.280	0.001
1980—2005		5.200	0.018
2005—2010		6.450	0.023
1980—2010		11.650	0.040

3. 土地利用类型转移特征

根据上述土地利用动态变化分析,可知 2005 年是秦淮河流域土地利用变化的分界点,在 2005 年之后土地利用变化加大。因此,将 1980 年与 2005 年,2005 年与 2010 年的土地利用分类图利用 ArcGIS 分别进行叠加获得各类型之间的土地利用在数量上和空间上的转移矩阵,从而判别秦淮河流域土地利用类型转移特征。将 1980 年与 2005 年、2005 年与 2010 年的土地利用分类图进行叠加求交获得土地利用变化特征图。分析转移矩阵(表 2-3),发现秦淮河流域的土地利用转移主要发生在建设用地和其他土地利用类型之间,而其他各类型之间的相互转移却不是很明显,研究区内的建设用地主要是由耕地转入而来,林地和水域也有部分转入。这与胡和冰研究的南京市栖霞区的九乡河流域有所差异,胡和冰的研究表明九乡河流域的土地利用转移主要发生在耕地和其他各地类之间。从 1980 年到 2005 年,耕地、林地、水域分别向城镇建设用地转入 8.1%、1.72%、2.63%,转出面积分别为 155.09 km²、5.48 km²、3.07 km²。从 2005 年到 2010 年,耕地、水域、林地分别向城镇建设用地转入 9.98%、3.73%、4.97%,转出面积分别为 173.86 km²、4.94 km²、

15.62 km²。2005—2010 年间城镇建设用地的转入量明显高于 1980—2005 年间的转入量,这说明,2005 年之后秦淮河流域的城市化进程速度加快。1980—2005 年城镇建设用地转出总量仅为 1.23 km²,2005—2010 年城镇建设用地转出总量为 22.80 km²。2005—2010 年城镇建设用地主要转为耕地和林地,转出率分别为 4.04%(17.89 km²)和 0.68%(3.03 km²),这可能与农村居民点的拆迁或者小区建设绿化有关。另外,耕地和林地向城镇建设用地的转移,使得秦淮河流域的耕地和林地的总面积明显减少,而城镇建设用地的总面积却明显增加。由此可见,城镇建设用地面积的增加以及耕地(旱地和水田)面积的减少是研究区最主要的土地利用变化特征。

表 2-3　土地利用转移矩阵　　　　　　　　　　　(单位:km²)

时段	地类	耕地	林地	草地	未利用地	建设用地	水域
1980—2005 年	耕地	1 742.14	0.025	0.000 030	0.000 14	155.09	17.82
	林地	0.16	313.89	0.000 1	0.000 49	5.48	0.002 1
	草地	0.000 015	0.000 14	0.52			0.000 003
	未利用地	0.000 203	0.000 42		2.46	0.000 11	0.000 006 3
	建设用地	0.33	0.002 5	0.000 016	0.000 011	279.16	0.89
	水域	0.12	0.072	0.000 003	0.000 064	3.075	113.84
2005—2010 年	耕地	1 555.86	7.38	0.000 17	1.55	173.86	4.10
	林地	1.98	292.88	0.026	3.29	15.62	0.20
	草地	0.000 175	0.003 9	0.497	0.019		0.000 069
	未利用地	0.026	0.54		1.52	0.38	0.000 049
	建设用地	17.89	3.032	0.000 025	0.18	420.004 2	1.70
	水域	0.62	0.18	0.000 064	0.000 18	4.94	126.81

2005—2010 年间的未利用地面积增加的速度比较快,主要由于林地的转入,其次是耕地,而在 1980—2005 年间却没有明显变化。2010 年 65.29% 的未利用地来自林地,30.76% 的未利用地来自农业用地,经过实地调查发现,2005 年大量的土地被征收用于开发建设,但受到政策或外部其他因素的影响建设中途被中断,这部分处于半开发状态的土地不能再用于耕地,也不能继续建设,土地便被闲置起来。总体而言,1980—2010 年随着秦淮河流域的城市化水平不断提高,城镇建设用地面积大量增加,耕地面积大量减少,尤其是 2005—2008 年,土地利用结构的迅猛变化主要由于秦淮河流域内的社会经济

发展以及城镇建设用地明显增加。

2.3.2　土地利用变化的驱动因子分析

　　土地利用变化的驱动因子可以概括为自然因素和人为因素。李晓兵认为在有限的时间尺度内,人类活动对土地利用的影响超过了短时间尺度内自然因素的影响。Turner 认为人口数量和质量、收入水平、技术水平、政治经济状况和受教育程度等决定了土地利用变化的方向。Mcneill 认为政治、经济、人口和环境是土地利用变化的主要驱动力。Kasperson 指出:"政治结构与经济结构、科技水平、相对富裕程度、人口数量和质量、信任与态度等是引起土地利用/覆被变化的主要人为驱动力因素。"韩丽认为秦淮河流域土地利用的自然限制性条件较少,在短时间尺度内影响秦淮河流域土地利用变化的主要驱动力因素是经济因素,比如人口、经济、城市化政策制度等。鉴于此,本书综合前人研究,从 1980 年至 2010 年间南京统计年鉴资料中选取影响秦淮河流域土地利用变化的总人口、农业人口、国内生产总值、城市居民人均可支配收入、城镇固定资产投资(亿元)、实际灌溉面积、城市化率等 18 个分析因子进行主成分分析(表 2-4)。

表 2-4　影响土地利用的主因子载荷表

变量	成分	
	1	2
GDP	0.995	0.043
总人口	0.941	0.037
农业人口	−0.957	0.141
城市化率	0.921	−0.277
人均 GDP	0.998	0.031
财政收入	0.989	0.021
财政支出	0.993	−0.017
农业总产值	0.991	−0.097
工业总产值	0.995	0.035
实际使用外资	−0.932	−0.302
实际灌溉面积	−0.672	−0.147

续表

变量	成分	
	1	2
农民人均纯收入	0.997	0.023
城镇固定资产投资	0.976	0.056
农作物总播种面积	0.992	0.045
全社会固定资产投资	0.982	0.059
社会消费品零售总额	0.992	−0.012
城市居民消费价格指数	−0.261	0.964
城市居民人均可支配收入	0.998	0.043
特征值	15.835	1.165
解释方差量(%)	87.970	6.474
累积解释方差量(%)	87.970	94.443
旋转方法:最大正交旋转法		

利用主成分分析对秦淮河流域1980年至2010年的社会经济影响因素数据进行主因子分析(特征值>0)。从表2-4中可以看出,主成分2的累计解释方差量已经达到94.443%,足以代表原始变量所包含的绝大部分信息。载荷值的绝对值大小反映了影响的程度,正负代表了影响的方向。根据表2-4中显示的主因子载荷,第一主成分占原始方差的87.970%,这些指标反映了人口结构、农业现代化、经济发展程度,可概括为经济、人口和农业的作用;城市居民消费价格指数在第二主成分中的载荷比较高,这个指标反映了人民生活水平的提高,可概括为经济发展的作用。可见,秦淮河流域耕地变化的主要驱动力是社会经济发展、人口结构转变以及人民生活水平的提高。

2.4 基于 CLUE-S 模型的未来土地利用变化预测

CLUE-S模型最早是由 Peter H. Verburg 等人提出的,其根据土地利用与驱动因子之间的经验关系来模拟土地利用变化空间分布,和其他模型相比,CLUE-S模型既可以在模拟过程中考虑不同土地利用类型之间的竞争性,又能够较好地模拟政策控制下的土地利用变化情况。

非空间部分和空间部分构成了 CLUE-S 模型的主体。其中非空间模块主要是考虑研究区每年不同土地利用类型的需求量,而需求量数值是模型中不能直接输入的,需要通过其他方法计算输入;而空间模块是逐年的土地利用需求在栅格单元上的空间分配。土地利用需求的空间分配是基于土地利用的空间变异分析、经验分析及其动态模拟。其中,空间变异和经验分析主要是借用 Logistic 回归分析法揭示土地利用类型与其备选驱动因素之间的关系,依据此关系对每一个栅格单元可能出现的各地类的适宜性概率进行计算,并生成不同地类的空间分布概率适宜图。此外,空间模块还允许研究者或规划者根据研究区土地利用的历史趋势变化特点和当地的土地利用规划等实际情况设置转换规则,以对不同土地利用转化的难易程度进行控制。通常利用 ELAS 参数值来设置不同土地利用类型转化的稳定度,ELAS 参数值的取值范围是[0,1],其中,"1"表示此地类不转出,土地利用比较稳定;"0"表示此地类极易发生转化;ELAS 值越接近"1",代表此地类发生转变的概率就越小。最终的空间分配过程是通过某地类在某栅格上出现的概率(TPROP)进行分配,其中 TPROP 主要由 Logistic 回归分析法得出的某地类在某栅格中的适宜性概率、某地类的 ELAS 参数以及某地类的迭代变量组成。如果在土地利用分配的过程中土地利用变化的分配面积小于需求面积时,调整迭代变量,调整至两者相等时为止,便可完成本年的土地利用分配图。

2.4.1 CLUE-S 模型的数据库构建

1. 未来土地利用变化的驱动力选取

由于 CLUE-S 模型是通过建立土地利用与驱动因子之间的经验关系来模拟土地利用变化的空间分布,因此在模型模拟前首先需要确定引起该流域土地利用变化的主要驱动因子。从"2.3 土地利用变化特征及其驱动力分析"研究中可知城市的不断扩张、社会经济的迅速发展、人口劳动力的转移、农业现代化的发展主导了土地利用变化的方向,考虑到数据的可收集性,可选取代表性驱动力因子(人口、GDP、道路、行政区划)进行研究。另外,虽然自然因素短时间内变动较小,引起土地利用大幅度变化的可能性也较小,但是自然因素中的地形(坡度与高程)和水系等地理环境在某种程度上也决定了土地利用变化的可能方向。综合考虑,本研究选取 7 个土地利用变化驱动因子(表 2-5)。

表 2-5 土地利用变化的驱动因子选择

驱动因子		因子描述
社会经济因子	与道路的距离	量算每一个像元到高速公路、国道、省道、铁路的距离,并按不同权重叠加
	与行政中心的距离	量算每一个像元到行政中心的距离
	人口	人口区域分布情况
	GDP	GDP 分布情况
自然因子	与河流的距离	量算每一个像元到水系河流的距离
	坡度	流域内地形坡度分级
	高程	流域内高程地形分级

2. 需求量预测

CLUE-S 模型的非空间模块为研究区土地需求量预测值,其需要通过外界直接输入,因此在非空间模块需要嵌入其他模型或方法进行计算。基于历史数据的时间序列变化规律的预测方法是预测土地利用未来变化特征的主流方法之一,对于外部资料相对较少的秦淮河流域,此方法是预测土地需求量较为合适的方法。常用的土地利用需求模型有线性回归模型、SD 模型、Markov 模型、GLP 模型、GTAP 模型、灰色模型等,CLUE-S 模型提供了与这些模型相结合的平台。Markov 模型是依据概率论中的马尔可夫链理论和方法,在分析随机事件变化规律的基础上对未来变化进行预测的一种方法,被大量应用在土地利用变化建模中。本研究选用 Markov 模型并结合政府的土地利用规划对未来土地利用需求量进行预估。

但由于 Markov 模型缺少空间因子,不能将预测的数量变化信息反映到地理空间上,也就是说在空间格局预测上具有一定的局限性。而 CLUE-S 模型非空间模块所需的土地需求量是不能自给的。综合分析发现两个模型的优点和缺点是可以互补的,两个模型可以实现有机的结合,复合模型既考虑了 CLUE-S 模型的空间分析能力,又考虑了 Markov 模型为非空间模块提供的土地需求,换句话说就是在 CLUE-S 模型的非空间模块中嵌套入 Markov 模型的算法。该复合模型的理论支撑是某地区的土地利用需求推动其土地利用发生变化,并且用地需求以及自然和社会经济情况与该地区的土地利用空间分布格局总是处在动态平衡之中。

3. Logistic 回归分析

Logistic 回归分析主要用于研究某地类与影响因素之间的相关性。首先,用 Analysis Base File Converter 软件将驱动力因子和各土地利用类型的 ASCⅡ码文件转化为单一记录的文件,由于研究区内的草地面积极少,与所选驱动力逻辑相关性不高,因此,在分析驱动力变化时,草地假定为不变化;其次,对转换后的地类与影响因素数据进行回归分析;最后,对结果进行分析得到各驱动力的 β 值(表 2-6)。

表 2-6　Logistic 回归分析 β 系数

驱动因子	水域	水田	林地	城镇用地	旱地
人口		−0.441		0.507	−0.094
GDP	−0.251	−0.189		0.411	
坡度	1.128	−1.111	1.257	−1.047	−1.610
高程	−1.052	−0.706	2.198	−0.193	0.509
与河流的距离	−0.261	−0.091	0.285	0.169	
与道路的距离		0.190	−0.299	−0.120	
与行政中心的距离		−0.076	0.080	0.005	

4. 模型参数设置

CLUE-S 模型需输入 main1(模型的主要参数设置)、alloc.reg(Logistic 回归方程参数)、allow.txt*(土地利用转换矩阵)、Region*.fil(区域约束文件)、Demand.in*(土地需求量文件)、cov_all.0(基期年的土地利用现状图)、Sclgr*(驱动因素文件)7 个文件表。

(1) main1 文件中的参数设置。main1 主要包括详细的坐标位置、地类个数(6 个)、驱动因子个数(7 个)、模拟的起始年份(2005 年、2010 年)、转换弹性系数(0.9、0.3、0.6、0.9、0.3)、可选迭代变量参数(0.05)等。

(2) alloc.reg 文件中的参数设置。每一类土地利用类型都各有一个 alloc.reg 文件。每一个 alloc.reg 文件设有 4 行:第 1 行表示某地类的数字编码;第 2 行表示某地类的 Logistic 常量;第 3 行表示某地类的 Logistic 因子数;第 4 行表示 β 值。

(3) allow.txt* 文件设置。allow.txt* 表示各类型土地之间转换的可能性。矩阵的"行"与"列"各表示转出和转入的地类,各地类之间用"1"和"0"来表示是否可转换。具体的可能性转移矩阵的设置,还需要结合秦淮河流域实际的自然地理状况、经济地理状况以及保护基本农田等(表 2-7)。由于草地面积过少,很难进行未来土地布局预测,所以假定草地不转变为其他的土地利用类型,默认草地不产生变化。

表 2-7　各地类间的可能性转移矩阵

	水域	水田	林地	城镇用地	旱地	草地
水域	1	1	1	0	1	0
水田	1	1	1	1	1	0
林地	0	1	1	1	1	0
旱地	0	1	1	1	1	0
草地	0	0	0	0	0	1
城镇用地	0	0	0	1	0	0

(4) Region*. fil 文件设置。此文件是用来表示栅格文件中的限制转换区,并通过设定属性值"0""−9 999""−9 998"(分别表示"此区域是可以变化的""此区域无数据""此区域为约束区")来设定约束图层。假定流域内没有自然保护区,土地利用变化可以发生在流域内的任何区域,也就是说此流域内所有栅格文件的属性值都被设置为"0"。

(5) Demand. in* 文件设置。根据 Markov 模型计算得到未来秦淮河流域土地利用需求数据,使用内插法分配到各年份的土地需求量。

(6) cov_all. 0 文件。此文件需要事先将土地利用类型进行编码,后期所有的土地利用类型都将用编码来代替,各地类与编码的对应关系中"0"表示"水域","1"表示"水田","2"表示"林地","3"表示"城镇用地","4"表示"旱地","5"表示"草地",编码完成后利用 ArcGIS 将矢量文件转换为栅格文件(250 m×250 m),再将栅格文件转换为 ASC Ⅱ 码格式存储。

(7) Sclgr* 文件。按照上文所述,将驱动因子编辑成. txt 文件,然后将. txt 文件按顺序命名:"Sclgr0"为"与河流的距离","Sclgr1"为"坡度","Sclgr2"为"高程","Sclgr3"为"与道路的距离","Sclgr4"为"与行政中心的距离","Sclgr5"为"人口","Sclgr6"为"GDP"。

2.4.2 CLUE-S 模型的校准与验证

ROC 指数是对 CLUE-S 模型预测准确率评价的一种方法。ROC 取值范围为 [0.5,1.0]，越靠近 1 表明对模型预测越准确。本研究把从 2005 年土地利用现状图中提取的 5 种地类和 7 种驱动因子输入到 SPSS 软件中进行 Logistic 回归分析（草地面积默认不变），便可获得各地类的概率，最终计算得到水域、水田、林地、城镇用地、旱地的 ROC 值分别为 0.694、0.705、0.936、0.790、0.629。通过以上的 ROC 检验结果可发现，水域、水田、林地、城镇用地的 ROC 值均达到 0.7 左右，而旱地的预测精度较低，精度较低的原因可能是旱地具有相对较强的动态特征，且旱地分布受复杂因素影响，仅通过所选取的驱动力因素无法完整反映其分布特征。运用 Kappa 指数对秦淮河流域的 2010 年土地利用现状图与 2010 年土地利用模拟图进行吻合度检验，Kappa 指数为 0.849，模拟结果可以较准确地反映实际地类的分布情况。

2.4.3 未来土地利用情境预测

土地利用变化是以人类活动为主导的地表系统变化，其发展受政策、规划等人为影响很大。本研究模拟 2035 年秦淮河流域景观格局，分别设置 2 种不同情境。

（1）"自然发展情境"（S1）是按照 2000 年至 2010 年的流域土地利用转移速率发展，模拟得到 2035 年土地利用格局，在需求量模拟方法上选择 Markov 模型进行模拟。

（2）"优化情境"（S2）是根据不同政策要求以及经济发展与环境保护需求进行综合设置。首先参照《南京市土地利用总体规划（2006—2020 年）》《镇江市土地利用总体规划（2006—2020 年）》中关于基本农田保护、建设用地控制、生态绿地建设等要求，将 2035 年的耕地面积（水田和旱地）控制在流域面积的 52.05%，将城镇用地面积控制在 29.85%，林地面积增至 12.76%。其次，根据最严格水资源保护条例，保证水域面积最终稳定在 5.07%。最后，根据生态廊道建设、海绵城市建设等理念，通过调整不同用地转换规则以及弹性参数进行土地利用格局的优化布局。土地利用变化是以人类活动为主导的地表系统变化，其发展受政策、规划等人为影响很大。本研究以 2010 年实际景观格局为基础,根据所设置的情境调整模型模拟过程中的参数(表 2-8、表 2-9),最终模拟两种情境下的 2035 年秦淮河流域土地利用情况。

表 2-8 不同情境下流域土地利用需求量 (单位:hm²)

情境	水域	水田	林地	城镇用地	旱地	草地
2010 年	12 755.44	99 365.25	29 166.75	54 272.28	56 389.50	677.50
S1	11 763.44	69 171.25	25 267.52	124 603.52	21 143.97	678.20
S2	12 815.77	90 656.26	32 236.84	75 403.90	40 835.15	673.99

表 2-9 不同情境下不同用地类型的弹性参数

情境	水域	水田	林地	城镇用地	旱地	草地
S1	0.80	0.60	0.70	0.90	0.50	1
S2	0.90	0.80	0.90	0.90	0.60	1

通过比较发现,相比于 2010 年土地利用需求,2035 年两种不同情境下的土地利用均发生较大变化,两种情境的变化速度存在一定的差异。2035 年 S1 情境中城镇用地面积迅速增加,增长约 129.6%,而水田、林地、旱地面积均在减小,水田面积减少 30.4%,旱地面积减少 62.5%,林地面积减少 13.4%,农用地面积的迅速减少幅度远大于林地。2035 年 S2 情境中城镇用地面积增长 38.9%,增长幅度有所减缓;林地面积有所增长,增长 10.5%,这与环境保护的要求相契合;且农用地减少速度得到控制,水田下降 8.8%,旱地下降 27.6%,这与基本农田保护要求一致。单纯从土地利用面积变化来看,S2 情境中城镇用地面积得到控制,林地面积增加,耕地面积减少速度得到控制,应综合考虑经济发展用地需求与环境保护用地需求之间的关系。因此,优化情境是经济和环境协调发展的理想结果。

从土地利用变化的空间格局来看,两种情境下城市化过程存在相似性,主要以原有的城镇用地为基础向外扩张,其中流域西南部地区即江宁区、溧水区部分城镇用地面积增长最快,流域西北部即原市区部分由于本身城镇用地面积已经接近饱和,因此增长量较低。S1 与 S2 情境的城市化空间格局也存在差异,S1 情境中很多分散在农用地中的乡镇用地同样有较快扩张,而 S2 情境中乡镇用地扩张较小。为了具体研究不同情境下 CLUE-S 模型模拟结果的空间分布差异,选取斑块密度(用 PD 表示,值越大表明景观破碎程度越高)、香农多样性指数(用 SHDI 表示,值越高表明景观多样性程度越高)、聚集度指数(用 CONTAG 表示,值越高表明景观斑块的空间聚集度越高)、斑块连通性指数(用 COHES 表示,值越高表明土地类型景观在空间上的连通性越好)4 类景观格局指数来表征景观多样性、景观破碎度和物理连接度。比较两种情境下模拟得到的景观格局差异发现,S2 情境预测得到的土地利用景观格局指数中 PD 大于 S1 情境,而 CONTAG 小于情境 S1(表 2-10)。这主要是因为相对于自然发展情境,S2 情境下的城镇用地扩张面积得到控制,因而整体上的景观破碎度更高,不同地类的聚集度相对低一些。S2 情境中 SHDI 值和 COHES 值均高于 S1 情境,反映 S2 情境中土地利用整体多样性较高、空间异质性较强、景观连接性较好。因此 S2 情境中过度的城市扩张得到缓解,生态用地连通性得到了保护,此外通过将城镇用地与其他用地镶嵌布局,可以达到缓解热岛效应、建设海绵城市的目的。

表 2-10　不同情境下流域土地利用景观格局指数

情境	PD	SHDI	CONTAG	COHES
2010 年实际	1.06	1.44	23.41	97.80
2035 年 S1	0.77	1.29	39.74	97.63
2035 年 S2	1.00	1.45	31.74	97.85

2.5　本章小结

本章概括了秦淮河流域的自然地理特点和社会经济状况,着重分析了 30 年来不同时期秦淮河流域的土地利用变化及引起不同时期土地利用变化的驱动力。最后,选用依据土地利用与驱动因子之间的经验关系而模拟土地利用变化空间分布的 CLUE-S 模型预测未来土地利用的可能变化方向。本章既可为后续水文模型提供数据支撑,又可为未来的土地利用规划提供参考。

(1) 分析 1980—2010 年间秦淮河流域的土地利用变化特征。30 年来流域最主要的土地利用变化特征是建设用地面积的增加(翻了一倍多)、耕地面积的减少(减少了 17.69%),但是农业用地面积仍在流域内占比较大;同时,未利用地的面积在 1980—2005 年间未发生变化,却在 2005—2010 年间发生了翻倍,这是由于此地区预开发建设的原耕地、林地被砍伐和征收之后被闲置起来;流域土地利用转换主要发生在建设用地和其他各类型间,而其他各类型之间转换不明显。对可能引起土地利用变化的 GDP、人口、城市化率、实际灌溉面积等 18 个因子进行了分析,发现导致研究区耕地面积减少、建设用地增加的驱动力主要是社会经济的发展、人口结构的转变以及科技进步带来的农业现代化发展。这说明 1980—2010 年间秦淮河流域经济的快速发展及城市化进程的推进加大了该流域城镇用地的需求,而驱动力的确定则有利于了解土地利用变化走向的原因,并为判断未来土地利用变化的可能走向提供理论依据。

(2)选用充分考虑各地类与驱动因子间关系的 CLUE-S 模型预测不同情境下的 2035 年流域土地利用格局。相比于 2010 年的土地利用格局,S1 情境下的城镇用地的扩张速度、耕地面积的减少速度要明显大于 S2 情境下用地变化速度,优化情境更多地考虑了基本农田保护和环境保护用地需求。空间格局上,在城镇用地同样扩张的情形下,相比于 S1 情境下的乡镇用地扩张比例和速度,S2 情境下的乡镇用地扩张比例较小、速度较慢。从景观格局的角度分析发现 S2 情境相较于 S1 情境土地利用整体多样性较高、空间异质性较强、景观连接性较好。因此,S2 情境下的土地利用建设使得生态用地连通性提高、雨水的下渗能力提高,并使得城市热岛效应得到缓解。本研究既可为海绵城市建设提供思路,也可为提升城市规划的合理性提供新的解决方案。

《《《 第3章

流域水污染时空变异特征分析
及其溯源研究

准确了解流域水质的时空分布特征并找出导致水质恶化的污染源,有助于了解流域水质的演变规律,以及管理流域水资源和制定水污染治理对策。目前最有成效的水环境治理对策是有针对性地对引起污染的主因子进行控制和治理。本章主要对流域污染特征及其影响因素进行定性和定量分析,并提出有针对性的流域保护对策。另外,本章污染源数据是水文模型的重要输入数据,而水质数据用于校验模型模拟结果,以保证模型模拟结果的正确性。

3.1 水质数据收集与分析

3.1.1 数据来源

本章选取江苏省南京市水文局的 1990 年、1995 年、2000 年、2005 年、2008 年、2010—2019 年共 15 年的水质数据,其中 1995 年、2005 年、2008 年、2010 年的水质数据年份与土地利用数据年份相对应。2000 年之前监测站点较少,监测周期也较长,1990 年、1995 年秦淮河流域的水质监测站点只有 3 个(葛桥监测站、珍珠桥监测站、沙河桥监测站),2000 年开始增多,到 2010 年水质监测站点增加到 26 个,2015 年增加到 29 个。监测站点主要分布在以下几个河段:句容河干流(前埠村、龙都大桥、湖熟大桥、赵家村桥)、句容河支流(葛桥、同进桥、梁台桥、水门桥)、牛首山河(殷巷大桥)、秦淮新河(曹村桥)、溧水河(庞家桥、青田村、乌刹桥)、横溪河(横溪河大桥)、二干河(长乐桥)、一干河(沙河桥、珍珠桥)、三干河(施家庄闸)、秦淮河主干河道(上访门桥、东山大桥、彩虹桥、新河翻水站)等(图 3-1)。受区域水环境特点的影响,水质监测站点的监测频次有两月一次和一月一次的差异,监测指标也有所差异。在已有的水质监测数据中去掉低于检出限及未监测的值,挑选尽可能每个站点都有数值的监测指标,从中确定了水温(℃)、DO(mg/L)、COD_{Mn}(mg/L)、pH、COD_{Cr}(mg/L)、BOD_5(mg/L)、NH_4^+-N(mg/L)、Zn(mg/L)、氟化物(mg/L)、透明度(m)、TN(mg/L)、TP(mg/L)共 12 项水质评价指标。总体上,研究时间段内秦淮河流域的有机污染、营养盐污染相当严重。超标的因子主要有 COD_{Mn}(Ⅳ类)、COD_{Cr}(Ⅳ类)、NH_4^+-N(Ⅴ类)、TN(劣Ⅴ类)、TP(Ⅴ类),其中 1990—2014 年的各指标均值分别为 6.71 mg/L、24.81 mg/L、1.89 mg/L、

3.24 mg/L、0.34 mg/L。

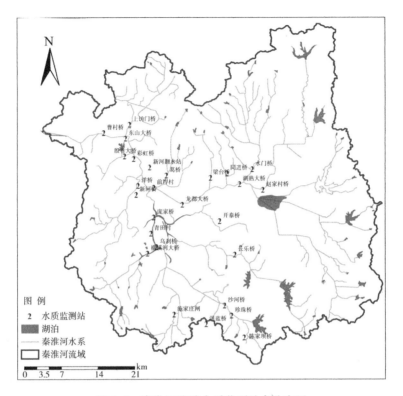

图 3-1　秦淮河流域水质监测站点分布图

水质指标的统计描述及环境标准如表 3-1 所示。

表 3-1　水质指标的统计描述及环境标准

	最小值	最大值	平均数	标准差	地表水环境质量标准(类别)				
					Ⅰ	Ⅱ	Ⅲ	Ⅳ	Ⅴ
水温(℃)	2.0	34.60	17.83	8.85	周平均最大温升(降)≤1(≤2)				
pH	5.41	8.92	7.78	0.36	6～9				
锌(mg/L)	0.00	1.57	0.05	0.10	≤	0.05	1	1	2	2
氨氮(mg/L)	0.05	18.20	1.89	2.23	≤	0.15	0.5	1	1.5	2
总氮(mg/L)	0.49	30.33	3.24	3.64	≤	0.2	0.5	1	1.5	2
总磷(mg/L)	0.01	5.67	0.34	0.48	≤	0.02	0.1	0.2	0.3	0.4
溶解氧(mg/L)	0.80	10.90	5.98	1.66	≥	7.5	6	5	3	2

	最小值	最大值	平均数	标准差	地表水环境质量标准(类别)				
						I	II	III	IV	V
氟化物(mg/L)	0.07	1.63	0.35	0.17	$\leqslant$	1	1	1	1.5	1.5
透明度(m)	0.10	0.50	0.34	0.06	无					
化学需氧量(mg/L)	10.20	82.2	24.81	8.12	$\leqslant$	15	15	20	30	40
高锰酸盐指数(mg/L)	2.80	28.6	6.71	2.13	$\leqslant$	2	4	6	10	15
生化需氧量(mg/L)	1.00	20.20	3.85	1.58	$\leqslant$	3	3	4	6	10

3.1.2 研究方法

随着多元统计方法的发展和应用面的拓展,偏最小二乘法回归模型(LSM)、主成分分析(PCA)、方差分析(ANOVA)、聚类分析(CA)、多元回归分析(MLR)、判别式分析(DA)等方法被广泛地应用在水质评价中,例如,PCA、CA、MLR 等方法被很好地应用在内陆河流、湖泊、近海海域和平原河网、地下水及城市河网的水污染评价及其溯源研究中。另外,随着河流水质的不断恶化,定性的水质评价方法已不能满足劣 V 类水质和黑臭水体的评价要求,水质评价方法开始逐渐注重定量评价的研究,综合水质标识指数法(WQI)便应运而生,这是由同济大学徐祖信提出的一种定性定量的水质评价方法。多元统计方法在河流水质评价中的应用和推广以及目前水质综合评价方法的不断改进和成熟,为秦淮河流域的水环境质量评价提供了契机。

1. 综合水质标识指数法(WQI)

WQI 是对河流综合水质信息进行定性和定量评价的一种简单实用的方法。目前常用的水质评价方法大多不能定量评定水质类别,尤其是对劣 V 类水质来说,同类水质之间也无法进行相互比较。而 WQI 既可依据国家标准对所评价的水质进行归类,又可以比较同一类别的水质,还可以对劣 V 类水质进行定性和定量描述。WQI 的公式可表述为 $WQI = X_i.Y_iZ_iP_i$(X_i 为整数部分,其余三个为小数部分),其中 X_i 代表水质类别,Y_i 代表同一水质类别中的排序,Z_i 代表参评的水质参数类别劣于水环境功能区规定类别的个数,P_i 代表整数位决定的水质类别与水环境功能区规定类别的相对比较值。在实际评定的过程中,计算到 Z_i 已经可以进行各类别之间的比较了,因此,本研究忽略 P_i。

2. 聚类分析

聚类分析(CA)是把个案按其相似性大小或对象之间的距离远近程度等特征聚在一起的一种多元统计方法。本研究选用系统聚类法(Hierarchical Cluster Method,HCM),该方法首先视各个变量各自为一类,然后将最相似的或距离最近的对象聚类在一起,在新的类别下再根据距离或相似程度进行合并,直到所有的模式聚成一类。

3. 正交矩阵因子分解算法

正交矩阵因子分解算法(Positive Matrix Factorization,PMF)是被美国环保署(EPA)认可且改进的多变量因子源解析模型,其基于最小二乘法进行迭代运算以求解组分浓度和污染源之间的化学质量平衡。污染源的解析及其贡献率的计算主要在 EPA PMF 5.0 软件模型中进行,模型主要需要输入水质实测浓度和不确定度两个参数。不确定度(Unc)的计算方法分两种情况:

若实测浓度小于等于方法检出限(MDL),则

$$Unc = \frac{5}{6} \times MDL$$

若实测浓度大于方法检出限(MDL),则

$$Unc = \sqrt{(0.5 \times MDL)^2 + (Urel \times c)^2}$$

式中,$Urel$ 为误差系数,c 为实测浓度,MDL 为检测各水质指标所采用的具体方法的检出限。当 PMF 输出数据中的 Q 值最小(即 Q_{robust} 与 Q_{true} 差值)时所对应的因子数就是 PMF 的最佳因子数,最终确定不同污染组的因子数为 5 时模型拟合条件最优。

4. 稳定同位素混合模型(SIAR)

稳定同位素混合模型(SIAR)是由 Parnell 等开发的基于 R 统计软件的模型。SIAR 混合模型是在贝叶斯框架下,利用 Dirichlet 作为污染源贡献率的先验逻辑分布,待输入同位素信息后,最新的信息即包含在后验分布信息中,进而基于贝叶斯公式得到各个污染源的后验分布特征和各个污染源贡献

率的概率分布,最后依据概率分布结果生成各个污染源对污染物的贡献率范围。通过使用 R 统计软件中的稳定同位素分析软件包(Stable Isotope Analysis in R,SIAR V4)来实现氮同位素的数据处理和分析。不同污染源的同位素丰度是模型的主要输入参数,该污染源包括粪肥和污水(MS)、化肥中的 NH_4^+(NP)、降雨中的 NO_3^-(AP)和土壤有机氮(SN)。AP 中 $\delta^{15}N-NO_3$ 和 $\delta^{18}O-NO_3$ 为本研究通过实测获得,其他污染来源的 $\delta^{15}N-NO_3$ 和 $\delta^{18}O-NO_3$ 值均来自参考文献,具体数值和相关研究如表 3-2 所示。

表 3-2 硝酸盐不同来源 $\delta^{15}N-NO_3$ 和 $\delta^{18}O-NO_3$ 值①

污染来源	$\delta^{15}N-NO_3$(‰)	$\delta^{18}O-NO_3$(‰)	文献
粪肥和污水(MS)	16.3 (5.7)	7.0 (2.7)	[102]
化肥中的 NH_4^+(NP)	−0.2 (2.3)	−2.0 (8.0)	[111]
降雨中的 NO_3^-(AP)	0.79 (2.5)	80.01 (1.6)	本研究
土壤有机氮(SN)	7.5 (5.2)	−2.0 (8.0)	[111]

注:① 数据为平均值(标准差)。

3.2 水质的时空分布特征

3.2.1 水质的年内年际变化特点

利用水质标识指数法评价 1990—2014 年秦淮河流域汛期(湿季)和非汛期(干季)的水质污染情况。从图 3-2 中可以发现 2000 年之前汛期的水质要差于非汛期的水质,汛期水环境质量属于地表水环境质量标准中的Ⅲ类水或Ⅳ类水。2000—2011 年秦淮河流域汛期和非汛期的水环境质量基本上都属于地表水环境质量标准中的Ⅳ类水和Ⅴ类水,较 20 世纪 90 年代的水质要差。20 世纪 90 年代工业污染加快,虽然在重点流域实施了一些减排控制策略,但是仍然赶不上污染的速度。2011—2014 年秦淮河流域的水质较 2000—2011 年的水质有所改善,水质基本上维持在地表水环境质量标准中的Ⅳ类水标准,干季的水质要劣于湿季的水质,这期间主要受"十二五"减排工作的落实、"绿色青奥"保障体系建立以及"蓝天工程"和"清水行动"推进的影响。

2006 年国家开始实施一些综合治理对策,控制流域主要污染物的排放,加之随着受教育水平的不断提高,人们的环保意识也不断增强,流域水质逐渐改善。2005 年之前的湿季水质要优于干季水质,2005 年之后呈现相反的水质变化特征。可能的原因是监测点周围存在大量的农业生产用地,下雨会导致田地及农村中的非点源污染进入河道。另外,在城市建设中污水管网建设滞后,污水直排入河现象较多,特别是在雨季一些企业会趁机大量排污入河,当雨量特别大时,沿河雨污泵站便会开闸放水,致使雨污合流的污水进入河道。2015—2019 年秦淮河流域高锰酸盐指数、COD、BOD_5、TP 和 $NH_4^+ - N$ 等水质指标的浓度均值、最高值较 1995—2014 年的相应值都有所降低,而 TN 浓度均值却较 1995—2014 年的浓度均值要高,但相较于 2010—2011 年流域 TN 浓度均值却有所降低。水质改善的原因在于南京市不但实施"省控入江支流水质提升领导挂钩负责制"和"断面长"制,全面推进涵盖工农业、生活、船舶水污染治理、水环境综合整治和水生态保护等政策措施,同时还适时地采取流域调水改善水质措施。

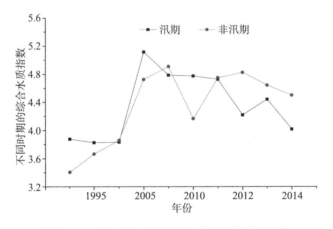

图 3-2　1990—2014 年汛期与非汛期的水质比较

3.2.2　水质因子的空间分布特征

2010—2014 年秦淮河流域主要的污染因子是 COD_{Cr}、COD_{Mn}、BOD_5、TN、TP、$NH_4^+ - N$,因此,在分析该流域的水质时空差异性时,首先利用 GIS 的专题图制作功能分析这六个超标因子在秦淮河流域的空间分布特征。然后利用聚类分析在空间尺度上识别出高污染区、中污染区、轻污染区。在此基础上,利用水质标识指数法和 GIS 对不同空间上的水质进行分析。

1. 水质因子的空间分布特征

从图 3-3(a)、(b)、(c)中发现 COD_{Cr}、BOD_5、COD_{Mn} 这三个水质参数具有类似的空间分布特征:①COD_{Cr}、COD_{Mn}、BOD_5 的浓度值在解溪河上的葛桥 (COD_{Cr} 29.68 mg/mL、COD_{Mn} 8.42 mg/mL、BOD_5 4.65 mg/mL)、一干河上的沙河桥(COD_{Cr} 31.45 mg/mL、COD_{Mn} 8.99 mg/mL、BOD_5 5.1 mg/mL)、珍珠桥(COD_{Cr} 31.11 mg/mL、COD_{Mn} 8.56 mg/mL、BOD_5 4.65 mg/mL)等地点最高。这主要是因为葛桥位于江宁区大学城,沙河桥和珍珠桥位于溧水区的市区和城镇,这两个地区的人口分布相对集中,生活污水排放多,有机污染严重。②其次是三干河上的施家庄闸、句容河支流的梁台桥、同进桥、水门桥、赵家村桥等几个地点。梁台桥、同进桥、水门桥、赵家村桥 4 个监测点所在的河流沿线农田和村落交错分布,农村生活污水、畜禽养殖产生的废水直接排放到河流中,造成句容河支流的有机污染严重。施家庄闸周围的城镇分布要比句容河支流上的城镇分布更为集中,因此产生的生活污水更多,有机污染也比句容河支流上的 4 个监测点要高。③秦淮河流域各河道呈现出相同的空间分布特点:主河道上的水质要优于次级河道的水质,陆萍等在温瑞塘河流域的研究也得出类似的结论。另外,曹村桥、上访门桥、东山大桥虽然位于秦淮河的下游,周边城镇人口集中,但是生活污水直接排放到河流中的情况相对较少,未造成严重的有机污染。

从图 3-3(d)、(e)、(f)中发现 NH_4^+-N、TP、TN 这三个水质参数具有类似的空间分布特征:①2010—2014 年解溪河上的葛桥(NH_4^+-N 4.06 mg/mL、TN 5.19 mg/mL、TP 0.58 mg/mL)、一干河上的沙河桥(NH_4^+-N 3.91 mg/mL、TN 6.08 mg/mL、TP 0.67 mg/mL)、珍珠桥(NH_4^+-N 6.35 mg/mL、TN 9.92 mg/mL、TP 0.9 mg/mL)3 个监测站点的氮磷平均含量最高。2010—2014 年氮磷的浓度值超出 V 类水标准的 2 倍以上,其中珍珠桥上的 TN 浓度超出 V 类水标准的 5 倍,可见氮磷污染相当严重。氮和磷既可能来自家畜废水、工业废水、生活污水、污水处理厂等点源污染,也可能来自农业化肥的流失、草坪和花园中的肥料流失、土壤侵蚀等引起的非点源污染。葛桥、沙河桥和珍珠桥位于人口密集区、农业生产相对较少,这些地区的氮磷污

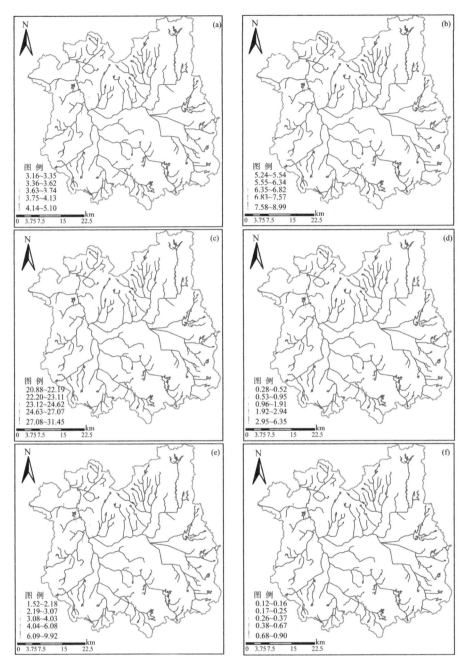

图 3-3 2010—2014 年水质因子的空间分布特征[(a)—BOD_5,(b)—COD_{Mn},

(c)—COD_{Cr},(d)—NH_4^+-N,(e)—TN,(f)—TP]

染主要来自工业废水、生活污水和污水处理厂等点源污染,少量来自城市降雨径流、农业化肥施用引起的非点源污染。②其次是位于秦淮新河的曹村桥、牛首山河的殷巷大桥、主河道的上访门桥、东山大桥、曹村桥,以曹村桥、上访门桥为首的这几个地点主要位于南京市市区,这几个地区没有农业生产,化学需氧量和生化需氧量的浓度较低,说明生活污染较少,因此这几个地区的氮磷污染主要来自污水处理厂、工业废水等点源污染,少量来自降雨径流引起的非点源污染。③句容河支流的梁台桥、同进桥、水门桥、赵家村桥、湖熟大桥等几个地点的氮磷含量相对较低。河流沿线农田和农村交错分布,此地区的氮磷一部分来自农村生活污水、畜禽养殖产生的废水,另一部分来自农业化肥的施用。

2. 水质因子的空间相似性与差异性

选取 2015 年至 2019 年水质指标的平均值作为聚类的对象,为统一各数据单位,需要先对数据进行标准化处理。后续聚类分析在 IBM SPSS Statistics 23 中完成,其中聚类选用的计算方法是离差平方和法(Ward Method),测量方法选用平方欧式距离法(Squared Euclidean Distance Method)。空间聚类将研究区 29 个监测站点分为高、中、低污染区 3 个不同组。其中,高污染区主要位于人口密集、餐饮服务业和旅游点较多的九龙湖和百家湖片区(GP1)、秦淮河下游南京主城的外秦淮河(GP2)、江宁大学城内的河道(GP3)和溧水主城(GP4)(图 3-4),主要包括沙河桥、珍珠桥、葛桥、殷巷大桥、赵家村桥和上坊门桥等监测站点;中污染区位于正在迅速城市化的秦淮河下游的江宁开发区、秣陵街道和中游的禄口街道内河道(MP)及溧水区的一干河(图 3-4),其最大特征在于经济迅速发展、人口迅速增加导致污水厂处理能力与城市发展需求不匹配,主要包括彩虹桥、曹村桥、东山大桥、横溪河大桥、洪蓝桥、庞家桥、前埤村、青田村、天生桥、乌刹桥、新河翻水站、新河桥和洋桥等监测站点;低污染区位于句容河的江宁区湖熟街道段(LP1 和 LP2)和溧水区的二干河、三干河(图 3-4),此区主要为城乡过渡区和农业区,河道沿线存在大量分散的农村居民点,主要包括陈家坝桥、湖熟大桥、开泰桥、梁台桥、龙都大桥、施家庄闸、石港桥、水门桥和长乐桥等监测站点。

2015—2019 年秦淮河流域高锰酸盐指数、COD、BOD_5 和 TP 质量浓度均值为 5.54、20.66、3.37 和 0.18 mg·L^{-1},主要为《地表水环境质量标准》

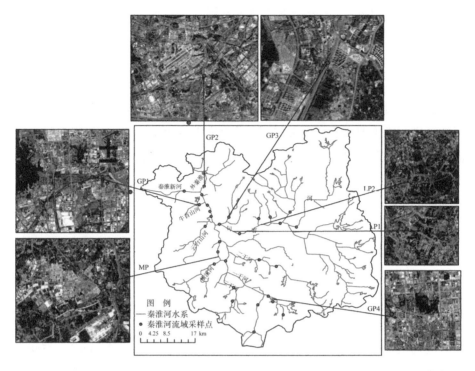

图 3-4　水质采样点空间聚类对应的典型区域影像(高污染区:GP1—九龙湖和百家湖片区,
GP2—南京主城区,GP3—江宁大学城,GP4—溧水主城;中污染区:MP—禄口街道;
低污染区:LP1、LP2—句容河湖熟街道段)

(GB 3838—2002)中的Ⅲ～Ⅳ类水,而 TN 和 NH_4^+-N 质量浓度均值为
3.35 mg·L^{-1} 和 1.59 mg·L^{-1},为劣Ⅴ类和Ⅴ类。高污染区各水质指标
平均浓度要高于中、低污染区各水质指标平均浓度,其中 TN 和 NH_4^+-N 在
高、中、低污染区的平均监测浓度值都高于《地表水环境质量标准》中Ⅴ类水
的标准值(2 mg·L^{-1}),为劣Ⅴ类。研究期内,高、中、低污染区中部分样
品的 NH_4^+-N 浓度在Ⅴ类及以上的占比分别为 53.7%、32%和 8.8%,而
TN 浓度在Ⅴ类及以上的占比分别为 85.6%、85.2%和 63.9%,且
NH_4^+-N 和 TN 在高、中、低污染区的最高监测值是Ⅲ类水标准的 23 倍、
13 倍、9 倍。由此,可推断研究期内秦淮河流域受到严重的氮素污染,其
中 TN 污染最为严重。

3.3 秦淮河流域的污染源解析

3.3.1 基于 PCA 的不同水期的污染源贡献分析

针对秦淮河流域研究期内面临的水环境问题,选取 2010—2014 年的水温、DO、TP、TN 等 12 种水质参数,利用主成分分析法找出在不同降雨时期的主导污染源类型,继而利用 GIS 和主成分综合得分法分析不同时期的水污染空间分布特征。其中依据第 2 章内容,全年中秦淮河流域的多雨期确定在 4—9 月,少雨期确定在 1—3 月、10—12 月。

首先利用 Kaiser-Meyer-Olkin (KMO>0.6)模型对数据进行分析,判断主成分分析(PCA)是否能起到良好的降维效果。KMO 检验结果为 0.644(非汛期)、0.719(汛期)。采用"2.3.2 土地利用变化的驱动因子分析"中相同的旋转方法,在秦淮河流域的枯水期和丰水期分别提取了 3 个主成分因子(特征值>1),并依据 Liu 等的研究[载荷值范围在[0.3,0.5)、[0.5,0.75)及[0.75,1)分别表示该水质指标与主成分因子关系的弱、中、强]选取与主成分因子相关的水质因子。秦淮河流域汛期与非汛期的旋转成分矩阵如表 3-3 所示。

表 3-3 秦淮河流域汛期与非汛期的旋转成分矩阵

参数	汛期			非汛期		
	PC1	PC2	PC3	PC1	PC2	PC3
T	0.23	−0.20	0.83	0.02	0.85	−0.26
pH	−0.11	−0.49	0.78	−0.34	0.90	−0.12
DO	−0.06	−0.74	0.49	−0.83	0.18	0.002
COD_{Mn}	0.97	0.13	−0.04	0.41	−0.14	0.83
COD_{Cr}	0.95	0.19	0.02	0.54	−0.17	0.76
BOD_5	0.90	0.15	−0.25	0.47	−0.05	0.82
NH_4^+-N	0.38	0.86	−0.10	0.85	0.05	0.41
Zn	0.17	0.24	−0.62	−0.24	−0.48	0.66
F^-	−0.22	0.63	0.55	0.01	0.85	0.12
TS	−0.25	0.06	0.85	−0.22	0.68	−0.30

续表

参数	汛期			非汛期		
	PC1	PC2	PC3	PC1	PC2	PC3
TN	0.15	0.79	−0.23	0.75	−0.14	0.18
TP	0.56	0.76	−0.21	0.75	−0.05	0.38
贡献率(%)	44.81	20.13	16.20	47.05	21.02	10.35
累积贡献率(%)	44.81	64.93	81.14	47.05	68.07	78.42

汛期,第一主成分 PC1 解释了 44.81% 的水质变异,所包含的信息量最多,化学需氧量、高锰酸盐指数、五日生化需氧量与第一主成分呈现强关联关系,生化需氧量主要来源于化工、石油、造纸及纸制品业(造纸企业)等工业废水的排放和快速城市化导致的未处理的城市生活及餐饮废水;一般关联的是总磷,虽然磷既可来自点源污染,也来自非点源污染,但是与非汛期相比,在汛期总磷与 PC1 的相关性较小,可认为降雨对磷污染起到了稀释作用,磷仍然主要来源于点源污染;化学需氧量、高锰酸盐指数、五日生化需氧量的影响较非汛期时大,这可以解释为降雨引起了有机污染的加重;因此,PC1 可解释为主要来自生活污水和工业废水排放的有机污染。第二主成分的贡献率为 20.13%,水温、pH、透明度与第二主成分呈现强关联关系,与其一般相关的是溶解氧和 Zn。自然因素水温则代表了温度对水中浮游生物的重要性。pH 值在一定程度上控制着水体的氧化还原反应,决定水体的化学稳定性,反映水体的酸碱程度。透明度与水中胶体颗粒物和悬浮物数量呈反比,用于评价水样的洁净程度。因此,PC2 主要反映的是水体的离子属性、水环境的自然变化以及水体中浮游生物的生长状况。第三主成分的贡献率为 16.20%,与 $NH_4^+ - N$、TP 和氟化物呈现正关联关系,一般相关的是 TP,负关联的是 DO。与 DO 呈负相关,说明这些氮、磷的转化和有机物消耗了大量氧气。Hülya 和 Hayal 认为磷既可能来源于含氮工业废水、生活污水、动物排泄物、污水处理厂等点源污染,也可能来源于植物肥料、土壤侵蚀、城市地区的草坪和花园以及城市不透水面等受降雨淋洗产生的面源污染,并认为氮主要来自农业化肥的使用、地质矿藏以及天然有机物的分解。但考虑到在汛期降水丰富,可认为磷和氮主要来自非点源污染,少量来自点源污染。对于氟化物来说,主要源于水泥厂、氟化物工厂、磷肥植物和冶炼厂等,但在这个区域所有水质监测点的氟离子浓度都低于

1 mg/mL,这意味着秦淮河流域没有或有极低的氟污染,且该污染可能主要是从当地的土壤中随径流进入河流。因此,PC3 可解析为非点源污染。

非汛期期间,第一主成分的贡献率为 47.05%,PC1 与 TP、NH_4^+-N、TN、COD_{Cr}、BOD_5 呈强正相关关系,与 DO 呈负相关关系;氮既可来自肥料的使用,又可来自自然界中的天然有机物和地质矿藏的分解;《南京市环境质量报告书》调查发现,南京市的氨氮主要产生于化工、石油和化学纤维制造业(化纤企业)等工业的废水、城镇居民生活污水排放以及农业污染源排放;磷既可能来自点源污染,也可能来自降雨径流引起的非点源污染;方晓波等认为枯水期农业面源污染较小,因此认为枯水期的磷主要来自点源污染,少量来源于非点源污染;解莹等认为化学需氧量、高锰酸盐指数主要来源于生活污水。因此,PC1 主要来源于迅速城市化引起的生活、工业污水排放的有机污染。第二主成分贡献率是 21.02%,其与水温、pH、氟化物呈强正相关关系,氟化物可认为是由于上游矿物质的风化引起的。PC2 反映的是水环境的自然变化和水体的离子属性。第三主成分的贡献率是 10.35%,与其呈强正相关的是 Zn,与其呈一般相关的是高锰酸盐指数,因此,PC3 可解释为重金属污染。

3.3.2 基于 PMF 不同污染分区的污染源贡献分析

以前述"3.2.2 节中的 2. 水质因子的空间相似性与差异性"中的聚类结果为基础,利用 PMF 模型分析流域内不同研究区域的水质污染来源及贡献。

1. 高污染区的污染源解析

利用 PMF 模型解析出高污染区 5 种污染因子成分谱及贡献率(图 3-5),其中 DO、高锰酸盐指数、COD、BOD_5 和氟化物在因子 1(G1)上有较高的贡献率,分别为 54.1%、31.2%、36.2%、26.4% 和 42%。BOD、COD 和 DO 被认为是有机污染因子的重要指标,主要归因于人为活动引起的生活污水和工业废水排放。高污染区主要位于城市化水平较高的区域,区域人口密集,商业和服务业也较发达,产生的市政污水中含有浓度较高的有机物。日常生活中含氟牙膏、含氟塑料以及空调制冷剂和灭火剂中氟的使用增加了生活污水中的氟含量。综合衡量,G1 为城市市政污水排放的有机污染,其对高污染区的源贡献率为 28.88%(表 3-4)。

NH_4^+-N、TN 和 TP 在因子 2(G2)上的贡献率较高,分别为 65.8%、

42.5%和40.9%,可认为氨氮是G2的重要标识元素。Mir等的研究认为氨氮代表来自城市垃圾和废水的营养盐污染。Hülya等的研究认为氮磷既可能来源于工业废水、生活污水和污水处理厂等点源污染,也可能来源于受降雨淋洗产生的农业、城市等面源污染。流域氨氮污染主要来自化工、石油和化学纤维制造业(化纤企业)等的工业废水、城镇居民生活污水以及农业污染源。由于高污染区主要位于秦淮河下游城市化程度较高的区域(溧水主城和江宁大学城内),且BOD和COD的贡献率较小,这降低了农业面源和生活污水污染的可能性。因而,G2为工业废水排放的营养盐污染,其对高污染区的源贡献率为27.44%(表3-4)。

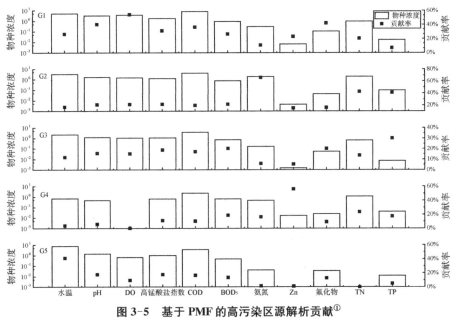

图 3-5 基于 PMF 的高污染区源解析贡献①

注:① DO、高锰酸盐指数、COD、BOD$_5$、NH$_4^+$-N、Zn、氟化物、TN 和 TP 的单位为 mg·L^{-1},水温的单位为℃。

　　因子 3(G3)对 TP 和 BOD$_5$ 有较大的贡献。杨德敏对厦门市和衡水市不同功能区的降雨径流污染研究发现商业区、居住区和文教区的磷污染要大于工业区。高污染区主要集中在秦淮河下游城市化程度较高的区域(溧水主城和江宁大学城内),以商业区、居住区和文教区为主。老城区截污不彻底,造成雨季城镇生活及三产污水外溢直接入河。因此,G3可归为非点源污染,其对高污染区的源贡献率为 15.74%(表 3-4)。

因子 4(G4)对 Zn 的贡献率高达 56%,而对其他元素的影响较小,具有明显的重金属污染特征。秦淮河流域中下游的老城区、新城区和城乡过渡区受化工、建材和机械等企业生产过程中产生的含 Cr、Cu、Ni 和 Zn 的"三废"污染物影响,河流沉积物和土壤中 Zn 含量都较高。经实际调查发现,流域下游的汽车厂、钢桶封闭器厂等都有不同程度的 Zn 排放。因而,G4 为重金属企业排放的重金属污染,其对高污染区的源贡献率为 15.57%(表 3-4)。

水温在因子 5(G5)的成分谱和贡献率明显高于其他几个因子,这代表了温度的理化影响。其次为 pH、高锰酸盐指数、COD 和 BOD_5,贡献率在 14%～17.7%。秦淮河下游河道底泥有机污染严重,存在内源释放,河道沿线管网存在污水渗流。水温和 pH 的变化会影响河道底泥中污染物的释放和水体的物理化学变量,例如较高的水温会降低水中溶解氧的溶解度,有机物的厌氧发酵会产生氨和有机酸,导致水体 pH 值降低,水温的高低还会影响生活在水中的微生物在分解可生物降解有机物时的耗氧量。因此,G5 为内源污染,其对高污染区的源贡献率为 12.37%(表 3-4)。

表 3-4　秦淮河流域污染源贡献率

污染组别	污染源	缩写	污染源	贡献率(%)
高污染区(G)	因子 1	G1	市政污水	28.88
	因子 2	G2	工业废水	27.44
	因子 3	G3	非点源污染	15.74
	因子 4	G4	金属类企业排污	15.57
	因子 5	G5	内源污染	12.37
中污染区(M)	因子 1	M1	混合源	31.62
	因子 2	M2	工业废水	27.25
	因子 3	M3	内源污染	24.70
	因子 4	M4	畜禽粪便和养殖废水污染	8.73
	因子 5	M5	金属类企业排污	7.70
低污染区(L)	因子 1	L1	城乡生活污水和农村垃圾污染	28.79
	因子 2	L2	农业面源污染	24.33
	因子 3	L3	内源污染	20.94
	因子 4	L4	金属类企业排污	14.95
	因子 5	L5	工业废水	10.99

2. 中污染区的污染源解析

利用 PMF 模型解析出中污染区 5 种污染因子成分谱及贡献率(图 3-6):
①因子 1(M1)对 DO 的贡献高达 58%,其余因子的贡献率从大到小依次为氟化物、COD、高锰酸盐指数、BOD_5 和 TN,且贡献率均超过 30%。该因子可解释为来自城乡生活污水、餐饮服务业、工业废水排放的有机污染,其对中污染区的源贡献率为 31.62%(表 3-4)。②因子 2(M2)对 NH_4^+-N、TN 的贡献率分别为 74.1%、44.56%,可解释为工业废水排放的营养盐污染,其对中污染区的源贡献率为 27.25%(表 3-4)。③水温对因子 3(M3)的贡献率为 52%,pH、BOD_5、高锰酸盐指数、COD 的贡献率为 30% 左右。此因子特点与 G5 特点相似,但 M3 对中污染区的 pH、BOD_5、高锰酸盐指数和 COD 的贡献率要明显高于 G5 对高污染区相应水质变量的贡献率。受城市化迅速发展的影响,经济开发区和秣陵街道内人口和工业迅速集聚,但污水厂处理污水能力不够,污水被迫排入雨水管道,同时雨水管道中的杂物、泥土也会随之进入河流,增加底泥中的污染物含量。已有研究也表明秦淮河底泥释放对水质有一

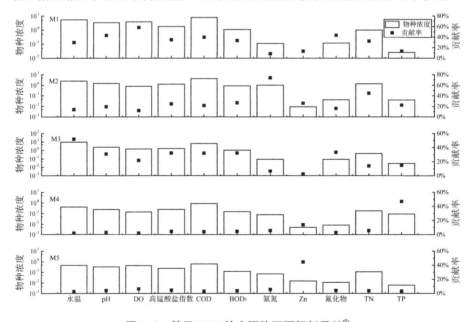

图 3-6　基于 PMF 的中污染区源解析贡献①

注:① DO、高锰酸盐指数、COD、BOD_5、NH_4^+-N、Zn、氟化物、TN 和 TP 的单位为 mg·L^{-1},水温的单位为℃。

定影响。因而,M3 为内源污染,其对中污染区的源贡献率为 24.70%(表 3-4)。④TP 在因子 4(M4)的贡献率明显高于其他几个因子,邱雨等和陈诗文等的研究发现畜禽粪便和养殖废水对水体磷污染具有较大的贡献。M4 对 Zn 也有一定的贡献,李冬林等和付传城等的研究发现研究区内部分 Zn 污染与渔业发展有关,且中污染区内存在部分水产养殖区(例如云台山河子流域等)。M4 可解释为畜禽粪便和养殖废水污染,其对中污染区的源贡献率为 8.73%(表 3-4)。⑤ 因子 5(M5)对 Zn 贡献率最高,而对其他元素影响较小。中污染区主要集中在秦淮河中下游的经济开发区、城乡过渡区,区内化工、建材和机械等企业生产过程中会产生重金属污染。M5 为重金属工业废水排放的重金属污染,其对中污染区的源贡献率为 7.70%(表 3-4)。

3. 低污染区的污染源解析

利用 PMF 模型解析出低污染区 5 种污染因子成分谱及贡献率(图 3-7):①DO、COD、高锰酸盐指数、TN、BOD_5 和氟化物在因子 1(L1)的贡献率较高,可解释为有机污染。低污染区主要位于句容河的江宁区湖熟街道段,区内主要为城乡过渡区和农业区。由于农村居民点分散和基础建设薄弱,大量厨房用水、淋浴和洗涤用水、冲厕所用水等农村生活污水会产生分散源,未经处理直排入河,其携带大量的氮、COD 等污染物,导致此区域水体水质恶化。此外,句容河湖熟街道范围内的河流沿线和二干河沿线河滨带零星分布有垃圾站(点),垃圾渗滤液在雨水淋溶下直排入河。②因子 2(L2)对 TP 的贡献率为 53.8%,对 BOD_5、NH_4^+-N 和 TN 的贡献率在 32% 左右,可解释为农药、化肥、畜禽养殖和水产养殖废水等农业面源污染,其对低污染区的源贡献率为 24.33%(表 3-4)。低污染区的河流沿线农田面积广,且以水稻田为主,生产方式较粗放,农药、化肥、水产养殖废水和畜禽粪便等农业面源污染会随降雨径流经由泵站排入句容河主河道和三干河,从而对水质造成影响。有研究指出句容河流域内畜禽养殖点普遍存在粪便露天堆放、养殖废水直接排放等问题。邱雨等的调查研究发现畜禽粪便是句容河水体磷含量偏高的主要原因。③水温在因子 3(L3)的贡献率为 54%,pH、BOD_5、高锰酸盐指数和 COD 的贡献率为 25% 左右,可解释为内源污染,其对低污染区的源贡献率为 20.94%(表 3-4)。④Zn 在因子 4(L4)的贡献率较高,贡献率为 44.5%,可解释为重金属工业废水排放的重金属污染,其对低污染区的源贡献率为

14.95%（表3-4）。⑤因子5(L5)对NH_4^+-N和TN的贡献率均高于其他参数，可解释为低污染区内工业园区废水排放的营养盐污染，其对低污染区的源贡献率为10.99%（表3-4）。

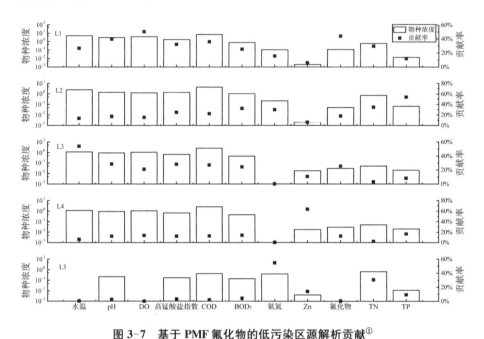

图 3-7 基于 PMF 氟化物的低污染区源解析贡献①

注:① DO、高锰酸盐指数、COD、BOD₅、NH_4^+-N、Zn、氟化物、TN 和 TP 的单位为 mg·L⁻¹，水温的单位为℃。

3.3.3 基于双同位素的氮污染溯源及贡献率分析

1. 子流域选取

参照采样方案设计标准《水质采样方案设计技术规定》(HJ 495—2009)，结合秦淮河流域内的云台山河子流域河网特征、土地利用类型以及子流域内片区的划分情况等布设8个采样点。本课题组成员于2019年3月至2020年1月的每月中旬在距水面20 cm处用无菌采水器进行定点采样，采集的水样贮存于预先清洗过的聚乙烯样品瓶中，随即放入冷藏箱内暂时保存。采集的样品在24 h内送至实验室分析，其中氨氮、硝氮、亚硝氮、总氮、磷酸根及总磷等采用连续注射分析仪(Skalar San＋＋，荷兰)测定，而氮氧同位素值($\delta^{15}N-NO_3^-$ 和

$\delta^{18}O\text{-}NO_3^-$）由南京土壤所分析测试中心采用稳定同位素比例质谱仪（IsoPrime100）测定。

2. 氮污染溯源及贡献率分析

通过分析可知，云台山河子流域内 TN 污染严重，为《地表水环境质量标准》（GB 3838—2002）中对应的劣V类水（表 3-5）。且非汛期 $NO_3^-\text{-}N$、$NH_4^+\text{-}N$ 和 $NO_2^-\text{-}N$ 占 TN 的比值分别为 68.7%、22.1% 和 1.2%，而汛期 $NHO_3^-\text{-}N$、$NH_4^+\text{-}N$ 和 $NO_2^-\text{-}N$ 占 TN 的比值分别为 60.2%、18.0% 和 2.24%。虽然《地表水环境质量标准》（GB 3838—2002）基本项目标准限值中并未涉及 $NO_3^-\text{-}N$ 浓度，但通过上述分析可知 $NO_3^-\text{-}N$ 是氮污染在子流域受纳水体中的主要存在形式，识别 $NO_3^-\text{-}N$ 污染来源对云台山河氮污染的治理和控制至关重要。氮、氧稳定同位素分析结果表明非汛期云台山河水体中 $\delta^{15}N\text{-}NO_3$ 变化范围为 3.0‰～20.5‰，平均值为 13.2‰，$\delta^{18}O\text{-}NO_3$ 变化范围为 −5.8‰～27.6‰，平均值为 3.0‰；汛期云台山河水体中 $\delta^{15}N\text{-}NO_3$ 变化范围为 0.8‰～21.7‰，平均值为 13.1‰，$\delta^{18}O\text{-}NO_3$ 变化范围为 −3.9‰～10.7‰，平均值为 3.5‰。统计分析结果表明，非汛期和汛期云台山河水体中 $\delta^{15}N\text{-}NO_3$ 和 $\delta^{18}O\text{-}NO_3$ 值均无显著性差异（$P>0.05$）。氮、氧同位素图显示非汛期和汛期样品中的 $\delta^{15}N\text{-}NO_3$ 和 $\delta^{18}O\text{-}NO_3$ 的散点主要落在动物粪便与污水范围内，初步推断河流中 $NO_3^-\text{-}N$ 主要来源于动物粪便和生活污水（图 3-8）。由于研究区内无规模化畜禽养殖，动物粪便来源稀少，且 Xue 等的研究发现生活污水中的 $\delta^{15}N\text{-}NO_3$ 丰度低于动物粪便的 $8^{15}N\text{-}NO_3$ 丰度，为 4‰～19‰，因而可推断云台山河水体中 $NO_3^-\text{-}N$ 主要来源于生活污水。部分样品中的 $\delta^{15}N\text{-}NO_3$ 和 $\delta^{18}O\text{-}NO_3$ 的散点还分布在土壤有机氮范围内（图 3-8），表明土壤有机氮也是云台山河水体中硝酸盐的重要来源。$\delta^{15}N\text{-}NO_3$ 和 $\delta^{18}O\text{-}NO_3$ 的散点几乎未落在农业化肥和降雨范围内，说明云台山河水体中的氮受农业化肥和降雨的影响较小。利用 SIAK 模型估算汛期和非汛期不同污染源对研究区河流水体中 $NO_3^-\text{-}N$ 的贡献率，结果显示河流水体中有 61% 和 34% 的 $NO_3^-\text{-}N$ 分别来源于生活污染源和土壤有机氮，其中非汛期河流中 61%、32% 和 6% 的 $NO_3^-\text{-}N$ 分别来源于生活污染源、土壤有机氮和化肥中的 NH_4^+，汛期河流中 61%、36% 和 4% 的 $NO_3^-\text{-}N$ 分别来源于生活污染源、土壤

有机氮和化肥中的 NH_4^+。

表 3-5　云台山河子流域水体中氮磷质量浓度均值　（单位：mg·L^{-1}）

类别	NH_4^+-N	NO_3^--N	NO_2^--N	TN	PO_4^{3-}-P	TP
汛期	0.73	2.44	0.091	4.05	0.04	0.13
非汛期	1.46	4.55	0.08	6.62	0.07	0.16
国家Ⅲ类水标准	≤1	—	—	≤1	—	≤0.2

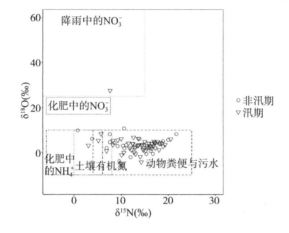

图 3-8　云台山河非汛期和汛期硝酸盐来源识别

3.4　影响水质变化的因素调查与实证分析

3.4.1　工业污染源调查

　　纵观江苏省的经济发展来看,第一产业占 GDP 的比重由 1991 年的 21.6%降至 2013 年的 2.5%,第三产业占 GDP 的比重由 1991 年的 28.9%升至 2013 年的 54.4%,2013 年第二产业占 GDP 的比重在 43.9%左右。虽然第二产业占 GDP 的比重有所降低,但所占比重仍然很大,仍以化工企业、电力企业、冶金企业等重工业为主,化学需氧量、氨氮的排放远高于工业平均排放水平。本书收集南京市和镇江市统计年鉴中关于研究区域内 1982—2014 年的工业污水排放量。按照国家《污水综合排放标准》(GB 8978—1996)计算工业废水中的总磷(以磷酸盐计)和氨氮含量,取氨氮和磷酸盐浓度分别为 20 mg/L 和 1.5 mg/L(以 P 计),可估算出 1982—2014 年的流域内年均工业污染源所排放的氨氮、总氮及总磷含量(图 3-9)。从图 3-9 中可看出工业污水中排放的氮磷含量整体上呈现降低的趋势,但是每年排放的氮含量仍然较高,氨氮年排放量在 732~2 474 t,总氮的年排放量在 915~3 093 t。

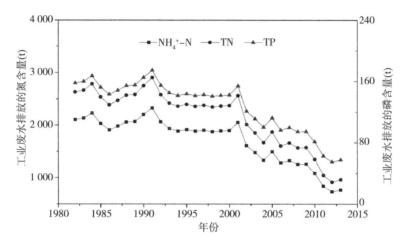

图 3-9　工业废水排放入河的氮磷含量

3.4.2　生活污染源调查

　　生活污水排放量主要分为农村生活污水排放量和城镇生活污水排放量。根据南京市和镇江市统计年鉴收集研究区域内 1982—2014 年的农业人口和城市人口数量,并进行系数计算。其中,秦淮河流域城镇生活污水中氮磷的最终计算过程主要涉及传输过程中的损耗、城市污水集中处理率、非农业居民人口数量等,因此,流域各县(市、区)的人均综合用水量取 100 L/d,污水排放系数取 0.6,入河湖量按 50% 计,城镇生活污水中氨氮和总磷含量按《城镇污水处理厂污染物排放标准》(GB 18918—2002),分别为 15 mg/L 和 2 mg/L,计算城镇年均生活点源污水排放量、入河氨氮含量和入河总磷含量[图 3-10(a)]。而农村人口平均综合用水量为 82.2 L/d,废水排放系数取 0.50,农村生活污水中氨氮和总磷的浓度分别取 10 mg/L、5 mg/L[图 3-10(b)],农村生活产生的污水量根据毛晓建研究中的计算方法计算。1982—2014 年农村生活污水排放中的氮磷含量呈现逐渐下降的趋势,而城镇生活污水排放中的氮磷含量却呈现稳步上升的趋势,尤其是2000年之后呈现迅速上升的趋势。这主要是由于城市化进程中农村人口向城镇人口转移,城镇人口的集聚最终带来了大量城镇生活污水的排放。

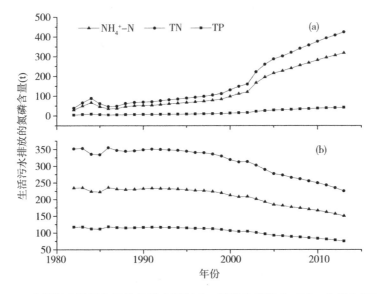

图3-10 生活污水排放入河的氮磷含量[(a)—城镇生活污水;(b)—农村生活污水]

3.4.3 农业污染源调查

本书中的农业污染源包括农业生产过程中化肥施用产生的污染。根据周根娣和张焕朝对肥料流失定点试验研究,最终确定按当年施肥量的11%和1.28%来定义氮肥和磷肥排放量。研究发现,研究区1982—2014年的农业生产中产生的氮磷含量仅次于工业污水排放产生的氮磷含量,总体上的趋势表现为先升高后降低(图3-11)。

3.4.4 禽畜养殖污染源调查

根据研究区域内相关县市年内相应的家禽、大牲畜、猪等存栏数据计算畜禽养殖产生的污染量,根据武淑霞的计算方法核算出禽畜养殖粪便及尿液排放入河的氮磷含量。1981年之前南京的大牲畜、家禽的数量比较难获得,

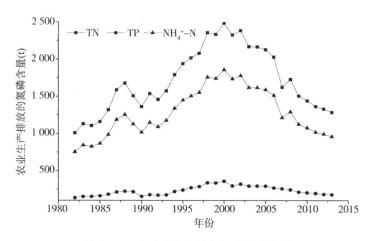

图 3-11　农业生产排放入河的氮磷含量

而句容的家禽养殖数据也较难收集,因此,畜禽养殖的数据主要从 1981 年之后开始收集。从图 3-12 中可以看出,1982—2014 年畜禽养殖产生的氮磷污染呈现阶段性的上升和下降,畜禽养殖排放入河的氮磷含量受自然和人为的不确定性因素影响较大,波动性较大。

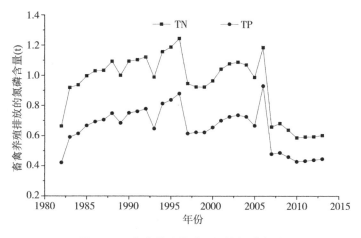

图 3-12　畜禽养殖排放入河的氮磷含量

3.4.5　社会经济因素对水质的影响

城市化的发展使得水环境问题日益突出,社会经济的发展对流域污染物浓度产生了一定的影响。一般情况下常选择人口密度、各产业占 GDP 比例、城市建设水平等作为水体污染的常用指标。本研究选取秦淮河流域的 17 个衡量社会经济水平的指标,选择与之对应年份的营养盐(氨氮、生化需氧量、化学需氧量、总氮)、金属离子(铜、锌)、其他离子浓度(氯化物)以及挥发性酚等水质参数,利用皮尔逊相关系数(Pearson correlation coefficient)进行相关性分析(表 3-6)。

经研究发现:人口密度越大,COD_{Cr}、BOD_5、Cu、Zn 等浓度越高,呈显著的正相关关系;农用化肥施用负荷越多,COD_{Cr}、BOD_5、Cu、Zn、NH_4^+-N 等浓度越高,农用化肥施用负荷与水质因子之间呈同向变化;单位水资源量污水负荷、单位 GDP 废水排放、生活污水排放量以及第一、二产业占 GDP 比重与 COD_{Cr}、BOD_5、Zn 呈显著的正相关关系;较高的城市污水处理率、第三产业比例、人均 GDP、道路面积、城市化率、排水管道密度、环保投资占 GDP 比例对流域 COD_{Cr}、BOD_5、Zn 污染具有一定的改善作用。COD_{Mn} 与人口密度、道路面积、污水处理率、环保投资占 GDP 比例、城市绿化覆盖率、人均 GDP、城市化率呈显著正相关关系(表 3-6)。可见,工业废水的排放、农业化肥的施用、生活污水的排放仍是研究区域污染物的主要来源。人口的持续增长,各类生产、生活污水的排放是造成城市河道水质较差乃至水体黑臭的主要原因。城市化扩大了建成区的面积,通过设立闸站将支流河道隔断,或对支流河道进行填挖改造,人为地阻止了河流之间的贯通和水体的自然流动,水体的自净能力丧失。虽然经济的发展带来了污染物排放的增多,直接影响水环境质量,但是当城市化发展到一定程度,公众的环保意识也会逐步增强,政府在环保防治及治理力度上会加大投入,比如环保投资的增加、城市污水处理厂的建设、排水管道密度的加大等措施对水环境质量恶化会起到一定的抑制作用。

3.4.6 调水工程对水质的影响

调水可以通过水的稀释和流通改善受水区的水质,缩短换水周期,增强水体的纳污能力。引水改善秦淮河水环境涉及长江引水、石臼湖引水等方案。2005 年外秦淮河实施调水工程后,为掌握外秦淮河流域水环境的变化情况,江苏省水环境监测中心在外秦淮河共设 6 个水质监测断面,每半月监测一次。南京市三叉河河口闸管理处和江苏省水文水资源勘测局南京分局在开展秦淮新河调水效果分析研究时,选择市区段的凤台桥断面调水前后的水质

表 3-6 社会经济因子与水质参数的相关性

	溶解氧	高锰酸盐指数	化学需氧量	五日生化需氧量	氨氮	铜	锌	挥发性酚	氯化物	总氮	总磷
一产比例(%)	−0.50	−0.54	−0.93**	0.80*	−0.06	0.41	0.99**	−0.17	−0.78*	−0.37	−0.42
二产比例(%)	−0.40	−0.55	−0.78*	0.58	0.03	0.36	0.90**	−0.01	−0.75*	−0.32	−0.29
三产比例(%)	0.45	0.55	−0.83*	−0.64	0.002	−0.39	−0.93**	0.08	0.77*	0.34	0.32
城市化率(%)	0.41	0.61*	−0.83*	−0.69	−0.05	−0.53	−0.87*	0.14	0.71	0.22	0.09
公共厕所(个)	0.25	0.56	0.72	0.70	0.03	−0.61	0.82*	0.05	0.47	−0.39	−0.70
人均 GDP(元)	0.17	0.59*	−0.80*	−0.61	−0.20	−0.56	−0.87*	0.01	0.62	0.23	0.13
道路面积(万 m²)	0.28	0.66*	−0.79*	−0.55	−0.13	−0.65*	−0.84*	0.05	0.61	0.25	0.13
人口密度(人/km²)	0.43	0.63*	−0.78*	−0.79*	−0.19	−0.65*	−0.79*	0.20	0.57	0.49	0.68
城市污水处理率(%)	0.51	0.62*	−0.80*	−0.78*	−0.01	−0.49	−0.93**	0.14	0.72	0.39	0.34
城市绿化覆盖率(%)	0.70*	0.62*	0.57	0.51	0.002	−0.38	0.47	0.13	0.64	0.14	0.43
人口自然增长率(%)	−0.36	0.21	−0.19	−0.12	−0.64*	−0.24	−0.45	−0.50	−0.78*	0.41	0.25
COD 排放负荷(mg/L)	−0.78**	−0.16	−0.46	−0.18	−0.21	−0.05	−0.54	−0.50	−0.35	0.24	0.01
排水管道密度(km/km²)	0.13	0.34	−0.76*	−0.46	0.07	−0.25	−0.79*	−0.05	0.77*	0.22	0.10
环保投资占 GDP 比例(%)	0.44	0.63*	−0.64	−0.24	−0.07	−0.52	−0.57	0.10	0.64	−0.17	−0.30
农用化肥使用负荷(kg/hm²)	−0.18	−0.81**	0.92**	0.81*	0.83*	0.81**	0.99**	0.12	0.20	−0.40	−0.49
单位 GDP 废水排放(m³/万元)	−0.56	−0.48	0.80*	0.87*	−0.17	0.31	0.92**	−0.21	−0.81*	−0.28	−0.48
单位水资源量污水负荷(m³/万 m³)	−0.45	0.09	0.69	0.93**	0.18	−0.30	0.63	−0.56	−0.37	−0.30	−0.30

注：*代表双侧检验，检验水准为 0.05，该相关系数具有统计学意义。**代表双侧检验，检验水准为 0.01，该相关系数具有统计学意义。

变化情况来分析。以氨氮和高锰酸盐指数为例,2005 年调水之后凤台桥氨氮含量和高锰酸盐指数有明显的下降,与 2001 年相比,2005 年调水以后外秦淮河氨氮含量下降 78.4%,高锰酸盐指数下降 75.8%。虽然调水后随着时间的推移,氨氮含量有缓慢上升趋势,但与未调水之前仍有较大差距(图 3-13)。

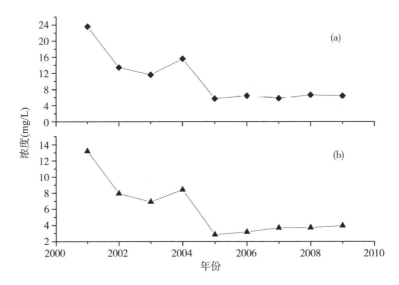

图 3-13　调水前后高锰酸盐指数及氨氮年均浓度变化趋势
[(a)高锰酸盐指数浓度,(b)氨氮浓度]

利用七桥瓮断面、武定门断面污染物含量与相应的武定门闸流量之间的散点图相关关系得到对应不同流量各断面的污染物浓度值(表 3-7)。从各站点水质与武定门闸流量关系上看,随着流量的增大,氨氮、总磷、高锰酸盐指数、化学需氧量等水质指标浓度均有减少的趋势;并且,随着武定门闸流量的增加,监测站点的氨氮和总磷浓度下降趋势最为明显,其次是高锰酸盐指数,下降趋势最弱的是化学需氧量。

另外,研究人员对于生态调水能否改善水环境状况存在一定分歧,Ma 等从引江调水改善里下河水环境的实验中发现,调水确实能改善水环境状况,调水结束后良好的水环境只能维持几天,后又恢复到以前的状态。Hu、Zhai 等都认为虽然调水降低了太湖的总磷浓度,但倘若频繁地调水却又增加了太湖中氮磷元素的含量,增加诱发超富营养化的可能性。Li 等通过对太湖的调水实验发现,短期的调水只是紧急改善水质的应对策略之一。综合来看,受水区的水质是否得到改善主要取决于调水区的水质状况、调水路线的水质状况,另外还有调水的时机、周期以及持续的时间等。

表 3-7   各断面不同流量下各污染物浓度的经验值

断面	污染物	不同流量对应的污染物浓度(mg/L)				
		20(m^3/s)	30(m^3/s)	40(m^3/s)	50(m^3/s)	60(m^3/s)
七桥瓮	氨氮	3.76	2.93	2.09	1.26	0.42
	总磷	0.46	0.4	0.34	0.29	0.23
	高锰酸盐指数	6.05	5.65	5.26	4.86	4.46
	化学需氧量	31.50	27.60	23.70	19.80	15.90
武定门	氨氮	5.41	4.31	3.22	2.12	1.03
	总磷	0.62	0.53	0.44	0.35	0.26
	高锰酸盐指数	6.63	6.25	5.87	5.49	5.11
	化学需氧量	32.8	30.9	28.9	26.9	24.9

3.4.7   政策调控对水质的影响

国家政策对环境具有深刻而显著的影响,不同阶段制定的不同政策对水环境产生了不同的影响。1990—1995 年,乡镇企业迅猛发展,工业化进程加快推进,此阶段的特点是"高能耗、高排放、高污染",COD_{Cr}、NH_4^+-N 是主要的超标因子。1995—2000 年,国家治理重点流域工业污染,并对其污染物总量排放进行达标设定,一定程度上缓解了重点流域的污染,但污染排放的控制力度不够,未从根本上抑制经济社会快速发展带来的污染。2000—2005 年,经过 20 世纪 90 年代社会经济增长的积累,社会经济跨入迅速增长时期。但是,第二产业比重较大,以排污量较大的重工企业为主,COD_{Cr}、NH_4^+-N 的排放远高于工业平均排放水平。2006—2010 年,国家开始综合治理各大流域,控制污染物的总量排放,水质呈现波动性下降。"十一五"期间,南京市相继完成上海梅山钢铁、扬子石化公司、南钢、金陵石化公司、红太阳股份公司等重点企业工业废水治理升级改造工程建设,实现了工业废水排放总量的减少和化学需氧总量的减排。2011—2014 年,环境保护面临发展机遇,这一时期的主要任务是推动经济转型升级、建立生态文明城市、加快转变发展方式,水质污染进一步得到遏制,呈现逐步降低的趋势。另外,环保科技水平的提高和环保投资力度的加大等对水环境质量的改善起到了重要作用。

3.5 本章小结

本章利用多元统计方法分析流域水体污染时空分异特征并对污染源进行识别。流域内主要超标污染物是 COD_{Mn}、COD_{Cr}、NH_4^+-N、TN、TP,其中 NH_4^+-N、TN、TP 最高浓度值超 V 类水标准的 10 倍。空间上,COD_{Mn}、COD_{Cr}、BOD_5 具有相似的空间分布,NH_4^+-N、TN、TP 具有相似的空间分布;利用聚类分析发现流域内的高污染区主要集中在葛桥、珍珠桥、沙河桥等监测点,中污染区主要集中在上访门桥、前埠村、东山大桥等监测点,轻污染区主要集中在陈家坝桥、施家庄闸、横溪河大桥等监测点。时间上,2011—2014 年秦淮河流域的水质较 2000—2010 年的水质有所改善,水质属于《地表水环境质量标准》(GB 3838—2002)中的 IV 类水,但仍然差于 1990—2000 年的水环境质量。通过溯源研究,锁定造成研究区内水质恶化的主要原因是生活污水、工业废水、非点源污染,然后通过相关数据分析发现 2000 年之前污染程度排序为:工业污染>农业污染>农村生活污染>城镇生活污染>畜禽养殖;而 2000 年之后污染程度排序为:农业污染>工业污染>城镇生活污染>农村生活污染>畜禽养殖,而社会经济因素和国家政策等对污染源的转变起到了重要作用,从而间接影响了水质。另外,调水、土地利用方式转变等对水质也有一定的影响。

第4章

水文和非点源污染模型
的构建

　　水文模型是自然界中复杂的水文现象的一种概化,是模拟流域水文过程和认识水文规律的重要工具。考虑到研究区内农业用地的比重,并需兼顾水文、水污染方面的模拟以及模型的成熟度和应用面,最终选择 SWAT 模型。但是,由于研究区内秦淮新河的人工开挖和秦淮新河闸站的建立,使得秦淮新河的流向不固定,而且流域内的武定门闸使得流域内存在两个流域出口,而 SWAT 模型不支持流域出口存在分叉河流的模拟。因此,SWAT 模型在秦淮河流域的本地化运用具有一定的挑战性。

4.1　模型的选择及其概述

4.1.1　模型的选择

　　水文模型被视为预测气候变化和土地利用变化对流域水文水资源影响的强大而有效的工具。分布式水文模型较传统的基于经验性物理基础的集总式水文模型所揭示的水文过程更接近实际情况,物理意义更明确,加之与 GIS 和 RS 的结合,使得分布式水文模型在研究变化环境对流域水文水资源的影响,以及流域内水资源的演变规律等方面具有独特的优势。目前在气候变化和人类活动对水资源影响的研究中常用的分布式水文模型主要有:HSPF、HBV、SHE、SWAT、VIC、HEC-HMS、ACRU、AVGWLF、L-THIA、MOBIDIC、RHESSys、BASINS。经过比较发现以下三种水文水质模型比较适合研究气候变化或城市化对水文或水质的影响:HSPF 模型是一个强大可靠的模型,被广泛地应用于评估气候变化和土地利用变化下对河川径流影响、流域非点源或点源污染估算、流域措施对河流水质影响等;相较于其他的简单模型,SHE 模型在研究流域的水文响应机理、水质和泥沙输移、土壤侵蚀以及考虑未来气候变化和未来土地利用变化的影响方面占有一定的优势;SWAT 模型是一个功能强大且非常灵活的模型,SWAT 模型模拟不同时空尺度的水文循环和污染负荷的能力已经在大量研究中得到了验证。而考虑到秦淮河流域内虽然城市化发展水平不断地升高而且也已达到较高水平,但是研究区内的农业用地仍然占据主要部分;同时与 HSPF 和 SHE 两个模型相比,SWAT 模型更加成熟、应用性更广。因此,本研究选择 SWAT 模型。

4.1.2 模型概述及其基本原理

SWAT 是 Jeff Arnold 为美国农业研究中心开发的适用于较大流域尺度的水文模型,用于模拟多种土壤类型、土地利用类型和农业管理措施等对水、沙、污染物的影响。1985 年研究人员在对田间尺度非点源污染模型 CRE-AMS、化学物质和农药对农业管理系统影响的 GLEAMS 模型、侵蚀对作物生产力影响的 EPIC 模型修改合并的基础上,开发了农村流域水资源评价模型 SWRRB。为了弥补模型在模拟较大尺度流域时存在的不足,研究人员又开发了河道演算的 ROTO 模型。开发者通过网络、书籍、论文、售后等形式对 SWAT 模型进行免费无国界的推广,使其在实际的应用过程中得到迅速的改善。20 世纪 90 年代,开发者不断扩展 SWAT 模型,改进版有 SWAT 94.2、SWAT 96.2(添加河道内水质方程 QUALZE)、SWAT 98.1、SWAT 99.2、SWAT 2000、SWAT 2005、SWAT 2009、SWAT 2012。目前 SWIM、SWAT-MOD、SWAT-G 和 E-SWAT 等为 SWAT 模型主要的改进形式。图 4-1 列出了 SWAT 模型的发展过程。SWAT 模型自推出以来,经开发者的不断完善软件版本也不断推陈出新,SWAT 开发组还发布了基于 ArcGIS 的 ArcS-WAT。考虑到模型的稳定性和适用性,本研究选用了 SWAT 2009 版本。

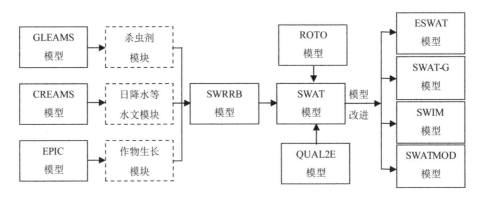

图 4-1 SWAT 模型发展示意图

SWAT 模型是具有物理机制的半分布式水文模型,它将物理过程与水循环、泥沙运动、氮循环等结合起来,要求输入土壤特性、地形、植被、土地管理措施等详细的流域信息。首先,SWAT 模型根据数字高程模型(DEM)和已有的河网数据把流域划分为若干个子流域（Subbasin）；其次，SWAT 模型利用土壤类型、土地利用类型及坡度数据将每一个子流域再划分为若干个水文响应单元（HRU$_s$），其中 HRU$_s$ 是最小的空间单元，具有单一的土地利用、土壤和管理措施；最后，SWAT 模型利用流域内的降水和气温等气象条件、土壤理化特性以及土地管理措施等数据，直接模拟水沙运动、养分循环等过程。SWAT 模型主要包括水文过程子模块、土壤侵蚀子模块和污染负荷子模块。这里简单介绍水文过程子模块和污染负荷子模块。

SWAT 模型的水文模拟可分为河道演算阶段和陆地阶段。河道演算阶段主要指主河道内汇流过程决定着泥沙、营养物等在河道内的迁移过程；而陆地阶段又包括产汇流过程，控制每个子流域内主河道的水、沙、营养物及化学物的输入总量。其中陆面部分的模拟主要考虑气候、水文及土地覆被、水土流失、管理措施等多个方面的因素。

SWAT 模型根据流域污染物迁移、转化过程的不同，将污染模拟分为：面源污染负荷（陆面）、河道污染物迁移、湖泊水体水质三个部分。其中，面源污染的模拟是 SWAT 模型的优势之一，其模拟过程也最为复杂，河道水质采用 QUAL2E 模型计算。面源污染主要包括以下几个部分：①泥沙模拟。泥沙在径流作用下能携带大量可溶性和非可溶性营养物进入水体，是营养物进入受纳水体的主要途径之一。了解泥沙的侵蚀过程对非点源污染的准确模拟具有重要意义。SWAT 模型计算土壤的侵蚀量是采用改进的土壤流失方程。②氮的模拟。氮循环是一个涉及水、大气、土壤和植被的复杂动态系统。SWAT 模型可以模拟地表多种状态的氮。氮分为可溶性氮和固态氮两类，其中可溶性氮随坡面汇流汇入河道；而固态氮则吸附在土壤颗粒上随地表径流进入河道。③磷的模拟与氮的模拟相似，磷同样分为可溶性和不可溶性两类。

4.2　空间数据库与属性数据库的构建

4.2.1　空间数据库的构建

SWAT 模型所需的数据库主要包括空间数据库和属性数据库。本书收集了秦淮河流域的河网水系、DEM、土壤类型、土地利用等数据作为构建 SWAT

模型的空间数据库。空间数据在 ArcSWAT 中全部采用统一的投影坐标系（WGS 1984 UTM ZONE 50N）。水文模型选择 1995 年、2000 年、2005 年、2010 年四期时间间隔相同的土地利用图,其来源于国家地球系统科学数据共享服务平台——长江三角洲科学数据中心(江苏省 1：10 万土地利用数据集),最终以地类代码为值将图层数据转化为 GRID 格式;模型输入的土壤类型图来源于《江苏省土壤志》(比例尺为 1：100 万);模型输入的 DEM 数据分辨率为 30 m(比例尺为 1：25 万),输入模型前需先生成无洼地 DEM;用于引导 DEM 提取河网的水系图来源于南京市江宁区水利局(比例尺为 1：25);选取南京、句容、溧水、江宁 4 个气象站 1980—2014 年的气象资料,数据来源于江苏省气象厅(图 4-2);降水选取安基山水库、北山水库、赤山闸、天王、武定门闸、赵村水库、赭山头水库 7 个雨量站的 1980—2014 年资料,数据来自南京市水文局(图 4-2);本章选取了 1980—2014 年秦淮新河闸和武定门闸的流量资料,数据来自南京市水文局(图 4-2);本章选取了 1990—1995 年、2000—2014 年秦淮河下游上访门桥的水质数据。选取 1980—2014 年资料的原因一方面在于 1978 年秦淮新河开挖,1980 年投入使用,建闸前后流量本身就存在差异,建闸后两股入江流量的出现会使模型的率定和验证更加困难;另一方面,收集的土地利用资料时间始于 20 世纪 80 年代,为保证两者年限资料的统一性,选取 1980 年作为开始年份是最合适的。模型构建所需数据来源如表 4-1 所示。

表 4-1　模型构建所需数据来源

数据	本章时间选择(年)	来源	本章用途
DEM	2009	NASA Aster G-Dem	提取河网、离散流域
水系图	2010	南京市江宁区水利局	引导 DEM 提取河网
水质数据	1990—1995、2000—2014	南京市水文局	模型率定和验证
流量数据	1985—2014	南京市水文局	模型率定和验证
气象数据	1980—2014	江苏省气象厅	构建属性数据库
降雨数据	1980—2014	南京市水文局	构建属性数据库
土地利用图	1995、2000、2005、2010	南京师范大学[①]	生成 HRU$_s$
土壤类型图	2001	《江苏省志·土壤志》	生成 HRU$_s$

注:① 来自国家地球系统科学数据共享服务平台——长江三角洲科学数据中心的"江苏省 1：10 万土地利用数据集"。

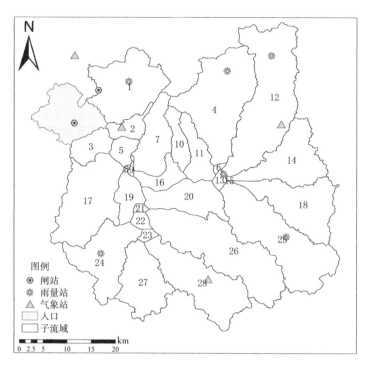

图 4-2　气象水文站点分布图

4.2.2　属性数据库的构建

空间数据库构建完之后,还需要添加相对应的属性才能使模型运行。属性数据库主要包括土壤属性数据、气象属性数据、土地利用属性数据等。模型自带的 80 多种植物和 18 种普遍土地覆被信息与中国的相似,故只需通过建立土地利用索引表来连接研究区的土地利用类型栅格图与 SWAT 模型中 crop/plant 数据库就可以了,但数据库中土地利用类型分类不宜超过10 种,故先将收集到的 17 类土地利用类型重分类为旱地-AGRL、水田-RICE、林地-FRSE、草地-PAST、水域-WATR、城镇建设用地-URHD、未利用地-SWRN 7 类。

模型自带的土壤数据库主要针对北美的土壤植被特性和流域水文结构,有别于中国的实际情况,需重新构建适合秦淮河流域的土壤数据库。对于流域各具体土壤类型的化学属性主要靠模型赋初始值,而对于物理属性则需要

分项计算,其中 NLAYERS、SOL_ZMX、SOL_Z、SOL_CRK 的参数可直接从
《江苏省土壤志》中获得,CLAY、SILT、SAND、ROCK 的参数的获取需要将
数据组织形式转换成模型需要的形式,TEXTURE、SOL_BD、SOL_AWC 和
SOL_K 等参数则需要通过土壤水特性软件 SPAW 计算得到,HYDGRP 参数
可参阅已有文献记载获得。

气象数据库需要输入降水、气温、太阳辐射、风速等相关数据。其中降
水、风速、气温数据是可以通过实测获得的,研究中选择的是 1980—2014 年之
间的长时间序列数据,没有测值的则用"-99"代替或周边点的数据代替,存
储为 .DBF 格式;天气发生器主要用于生成气候数据和填补缺失数据,所需参
数应用数字流域实验室建立的 SwatWeather.exe 模型进行计算;太阳辐射数
据也是应用数字流域实验室建立的 SwatWeather.exe 模型进行计算而获得。

4.3　污染源数据库的构建

4.3.1　点源污染数据库的构建

水质监测断面监测的水质数据是河道中的点源污染与非点源污染的综
合。其中,秦淮河流域非点源污染主要考虑农业化肥的使用、畜禽养殖情况、
农村生活污水排放情况等,第 3 章已经做了介绍,这里不再赘述。点源污染主
要包括工业点源和城镇生活点源。根据 2011 年水利普查中的入河排污口统
计结果,初步选定研究区内规模以上(年排放量大于 10 万 m^3 或日排放量大
于 300 m^3)的排污口有 29 个,其中有 11 个工业排污口,有 18 个城镇污水处理
厂排污口。由于 SWAT 模型默认一个子流域只能自动存在一个离河流最近
的排污口,所以要预先把多个距离较近的排污口简化成集中的排污口,最终
概化为 9 个排污口(图 4-3)。排污口废水中的氨氮和总磷(以磷酸盐计)含量
根据国家《污水综合排放标准》(GB 8978—1996),取氨氮和磷酸盐浓度分别
为 40 mg/L 和 1%(以 P 计),由此可估算出 2011 年排污口所排放的氨氮及总
磷含量(表 4-2)。其他年份的氨氮和总磷含量根据第 3 章收集的数据按比例
计算,另外对于污水处理厂按实际投产使用的年份进行输入计算。

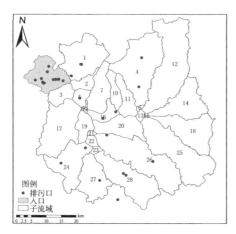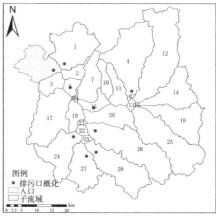

图 4-3 流域内排污口概化

表 4-2 2011 年排污口所在子流域编号及氨氮、总氮、总磷含量

子流域编号	排污口名称	氨氮 (t/a)	TN (t/a)	TP (t/a)
28	南京溧水鹏鹞污水处理有限公司排污口	292	365	7.3
	溧水经济开发区喜旺污水处理厂排污口	35.6	44.5	0.89
	洪蓝镇污水处理厂排污口	0.08	0.1	0.002
27	石湫镇污水处理厂排污口	0.06	0.09	0.003
26	湖熟街道周岗污水处理厂排污口	13.87	17.34	0.35
	东屏镇污水处理厂排污口	32	40	0.8
24	禄口街道污水处理厂排污口	101.64	127.06	2.54
	横溪街道集镇污水处理厂排污口	51.3	64.13	1.28
16	湖熟街道龙都污水处理厂排污口	13.64	17.05	0.34
	湖熟街道桥南污水处理厂排污口	41.18	51.47	1.03
5	江宁区自来水总公司科学园污水处理厂排污口	515.36	644.20	12.88
4	淳化街道土桥污水处理厂排污口	57	71.25	1.43
	汤山街道污水处理厂排污口	154.03	192.54	3.85
2	红庙涵(选矿厂排口)	45.78	57.22	1.14
	格子桥泵站	6.90	8.62	0.17
	天弘山庄涵	20.84	26.05	0.52
	吴尚涵	5.99	7.49	0.15

续表

子流域编号	排污口名称	氨氮 (t/a)	TN (t/a)	TP (t/a)
2	新桥涵	23.29	29.11	0.58
	二钢涵	13.32	16.65	0.33
	油坊涵	20.13	25.16	0.50
	韩府山涵	6.93	8.66	0.17
	荷塘涵	9.71	12.14	0.24
	丁树涵	5.09	6.36	0.13
	油脂涵	13.15	16.44	0.33
	江宁区自来水总公司开发区污水处理厂排污口	873.6	1 092	21.84
1	东山街道上坊污水处理厂排污口	23.14	28.93	0.58
	城东污水处理厂排污口	2 920	3 650	73
	江宁区城北污水处理厂排污口	265.46	331.82	6.64

4.3.2 面源污染数据库的构建

构建面源污染数据库主要是设置农业管理措施。研究区内的农田管理措施是经过实地调查所得,其中江宁、溧水的农地大部分为自留地,种植蔬菜、瓜果等产品,主要的粮食作物为水稻和小麦,其中水稻种植面积大于小麦种植面积,旱地一般种植叶菜、西瓜、油菜籽等产品,各子流域内部存在一定差异。句容市的农业种植面积偏大,以水稻、小麦为主。经过实际调查得到每个子流域中的施肥时间和施肥种类、数量,略有差异,又有所相同,施肥一般选用复合肥、尿素、有机肥,施肥时间方面主要会在作物种植前施肥一次、生长过程中一般会视种植的作物类型而有 2～3 次不同的施肥。另外,第 3 章收集的畜禽养殖、农村生活污水等皆按施肥措施一并整理到模型农业管理措施中。

4.4 流域双出口设定

1978 年秦淮新河开挖,在秦淮河流域的下游便有两股支流汇入长江,一股是秦淮新河,另一股是老秦淮河。同时,1980 年秦淮新河抽水站的建立,使得秦淮新河的水既可以从长江流入秦淮河流域,也可以从秦淮河流域流向长江,秦淮新河水的流向具有很大的不确定性。但 SWAT 模型在流域划分时默认为整个流域只有一个总出口,并不能一次定义两个流域总出口,加之秦淮新河闸站的运行加大了本次模拟的难度。本书将秦淮新河的抽水和排水做两种情况来处理:一是当秦淮新河排水至长江时,武定门闸也在排水至长江,两个出口最终都是将水排入长江。因此,秦淮新河排水至长江的流量将概化在武定门闸下考虑。二是当秦淮新河的水从长江抽水至秦淮河流域时,把秦淮新河子流域看作是秦淮河流域的外部输入子流域。子流域划分阈值设为 3 600 hm²,秦淮河流域共划分为 29 个子流域,其中 1 个为秦淮新河子流域,将其设为外部输入子流域。

前文提到水文响应单元(HRU$_s$)的定义有两种方法,一种采用单一参数,一种采用复合参数。本研究采用复合参数法,即把每个子流域划分为若干个不同土壤类型和土地利用的组合,再通过设定最小阈值进行 HRU 的定义。本书采用第二种 HRU$_s$ 划分方式。由于本研究的流域划分相对细致,为减少计算耗时,HRU$_s$ 的数量不宜过多,土壤面积和地类面积的最小阈值均定为 5%,坡度的最小阈值设定为 10%,这样设置的原因是,如果某种地类、土壤类型或坡度的面积占子流域总面积的比例小于设定的阈值,那么在模拟时会忽略此种土地利用和土壤类型的面积,并会重新按比例计算剩下的面积,以确保整个子流域的面积都得到模拟,秦淮河流域共分为 393 个 HRU$_s$。

4.5 模型的率定和验证

4.5.1 模型参数敏感性分析

SWAT 模型参数众多,而这些参数对模拟结果的贡献大小不一,在后期的校准和验证中需要对敏感参数进行调节。为了更有针对性地对相对敏感和起关键作用的参数进行调节,研究采用模型自带的 LH-OAT 法对径流和营养盐的敏感性参数进行分析。LH-OAT 法结合了 OAT (One-factor-At-a-Time)分析法与 LH(Latin Hypercube)采样法,以保证取值范围内的所有参数均被采样,并且能够准确地显示改变模型输出的那些参数,大大提高了运算效率。对 SWAT 模型默认的径流、泥沙、营养盐中最为敏感的 42 个参数进行敏感性分析，在运行 470 次之后，对各参数进行了敏感性排序（表 4-3）。模型在实际率定过程中，不敏感的参数也不是完全不考虑，在实际率定中还需要考虑物理过程、流域特点，以及参考相关文献，最终选定影响秦淮河流域 SWAT 水文模型的参数主要有 CN_2、SPCON、USLE_P、SPEXP、ESCO、Gw_Revap、SURLAG、Alpha_Bf、GWQMN、CH_N_2、PHOSKD、SOL_AWC、NPERCO、CH_K_2、PPERCO 等。

表 4-3　SWAT 模型敏感性分析

等级	流量	泥沙	营养盐
1	Alpha_Bf	Ch_N2	Nperco
2	CN2	Alpha_Bf	Rchrg_Dp
3	Esco	Surlag	Phoskd
4	Surlag	Slope	Pperco
5	Sol_Awc	Cn2	Shallst_N
6	Sol_Z	Ch_K2	Sol_Labp
7	Ch_K2	Spcon	Sol_No3
8	Canmx	Usle_P	Sol_Orgn
9	Blai	Blai	Sol_Orgp
10	Ch_N2	Esco	
11	Sol_K	Sol_Z	
12	Slope	Spexp	
13	Gw_Revap	Sol_Awc	
14	Slsubbsn	Canmx	
15	Sol_Alb	Slsubbsn	
16	Revapmn	Sol_K	
17	Gwqmn	Epco	
18	Epco	Rchrg_Dp	
19	Gw_Delay	Gwqmn	
20	Biomix	Sol_Alb	

4.5.2 径流参数的率定和验证

径流模拟参数的率定对整个模型的成功模拟是非常关键的,它的正确模拟是非点源污染模拟的基础。根据敏感性分析的结果对选定的参数进行调整,利用流域出口水文站 1985—2014 年的月径流实测数据,进行月水平径流校准与验证,率定期选在 1985—1999 年,验证期选在 2000—2014 年。研究区的流量率定和验证存在一定的困难,主要原因是实际情况下验证期的 180 个月中存在 18 个月的闸门关闭情况(流量为 0),SWAT 模型模拟的自然状况下不会出现流量为 0 的情况,考虑到后期模拟需要,本书在 E_{NS}、R^2 两者满足要求的前提下更注重相对误差的调整。流域出口水文站率定期的月径流量的 E_{NS}、R^2 分别为 0.721、0.723,验证期的月径流量的 E_{NS}、R^2 分别为 0.62、0.69,相对误差都控制在 1% 以下(具体见表 4-4)。从图 4-4 可以发现在率定期(1985—1999 年)和验证期(2000—2014 年)月模拟径流与实测径流波动趋势一致,但在波峰位置,SWAT 模拟值容易偏小,这与方玉杰、刘梅的模拟研究具有一定的相似性。方玉杰将模型模拟峰值径流出现偏小的原因归结于降雨 SWAT 模型延长了降雨时间,削弱了降雨强度。根据前述判定模型评估结果的标准可以发现,该站点的模拟效果非常好,可以用于流域模拟预测以及后续营养盐的率定。

表 4-4　月均径流模拟结果与实测结果对比表

	率定期	验证期
土地利用(年)	1995	1995
气象条件(年)	1985—1999	2000—2014
实测值(m³/s)	30.52	41.82
模拟值(m³/s)	30.76	41.61
相对误差	0.008	0.005
E_{NS}	0.72	0.60
R^2	0.72	0.67

4.5.3 污染物参数的率定和验证

秦淮河流域的泥沙含量较少,2010 年之前流域内无泥沙的测验数据,

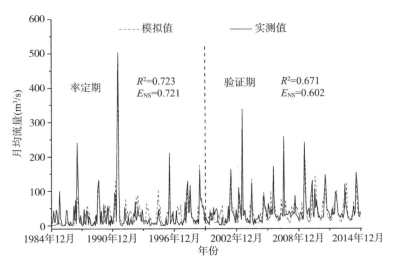

图 4-4　率定期和验证期的径流实测值和模拟值的月拟合曲线

2011 年之后在流域的上游有 1～2 次的极少数的泥沙数据,但仍仅能作为参考。为此,本书先在 SWAT 模型中对有观测值的情况进行敏感性参数分析,再结合已有的参考文献共同确定敏感性因子。SWAT 模型中关注的非点源污染物质包括可溶性氮、有机氮、可溶性磷及有机磷等。从"3.1　水质数据收集与分析"一节中可知流域内的水质因子 NH_4^+-N、TN 和 TP 含量常年处于 Ⅳ 类至 Ⅴ 类水之间,再结合实测观测数据的连续性和可用性,最终选取 NH_4^+-N 作为模型养分模拟的指标。实测的氨氮值的监测频率为每两月一次或更久,而水质测定当日的结果实际上并不能完全代表相应的月均负荷,而沈晔娜认为河流中水的污染负荷与流量呈一定的相关关系,因此本研究选用 1990—2014 年间水质监测当日的 NH_4^+-N 负荷与当日流量排除异常值之后建立回归方程,非水质监测日的 NH_4^+-N 负荷根据回归方程建立,最终得到逐日 NH_4^+-N 负荷。受检测方法和检测水平差异性的影响,2000 年之前的水质数据与 2000 年之后的水质数据采用不同方程:$y=0.043\ 3x^2-3.949\ 6x+546.76(R^2=0.823\ 8)$;$y=0.426x^2-11.952x+2\ 160.4(R^2=0.760\ 7)$,式中 y 为 NH_4^+-N 负荷(kg/d),x 为流量(m^3/s)。最终,流域出口率定期的月 NH_4^+-N 负荷的 E_{NS}、R^2 分别为 0.73、0.72,验证期的 E_{NS}、R^2 分别为 0.54、0.67(表 4-5)。图 4-5 是秦淮河流域水文站校准期(1986—1999 年)和验证

期(2000—2014 年)月 NH_4^+-N 负荷实测值与模拟值径流过程图。由于实测
污染负荷是通过回归方程计算而来,再加上模型前期水文误差的存在,最终
导致水质模拟值与实测值之间的差异偏大一点。但是,误差仍在可控的范围
内,基本可以满足后续研究的需求,SWAT 模型的本地化应用基本上是适合
的,并且可用于类似情况的非点源污染模拟研究。

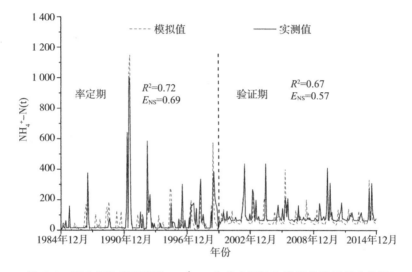

图 4-5 率定期和验证期的 NH_4^+-N 负荷实测值和模拟值的月拟合曲线

表 4-5 月均氨氮模拟结果与实测结果对比表

	率定期	验证期
土地利用(年)	1995	1995
气象条件(年)	1985—1999	2000—2014
实测值(kg)	64 062	92 994
模拟值(kg)	61 323	81 268
相对误差	0.05	0.13
E_{NS}	0.69	0.54
R^2	0.70	0.67

4.5.4 模型参数的确定

依据芮菡艺等人对不同时期的城市不透水面所占的比率与 ESCO、

GWQMN、SURLAG、CH_N₂ 等的相关性分析可知,不同时期的不透水面所占比率使各个参数也有所变化,通过比较每期不同土地利用下参数不变与变化的差异,发现变参取得的模拟效果更好。其中 ESCO 参数值随着不透水面的增加而增加。另外,本研究认为土壤蒸发补偿系数在建设用地和非建设用地两种情况下是存在差异的,不管是可变参数还是不可变参数,都应对 ESCO 设置不同的值。因此,本书在对径流进行率定的过程中,首先综合前期研究秦淮河流域的文章锁定 ESCO 参数值的范围,并将建设用地和非建设用地两种情况下的 ESCO 参数设为不同的值。经过径流、养分的依次率定和验证后,最终确定 SWAT 模型参数取值(表 4-6)。

表 4-6　模型率定各参数取值

参数	参数说明	值域/变化范围	参数最终值
CN2	径流曲线值	35~98	40.47~67.7
ALPHA_BF	基流 a 系数	0~1	0.53
CH_K2	主河道河床有效水力传导度	−0.01~150	70.97
SOL_AWC(1)	土壤有效含水量	0~1	0.15~0.29
ESCO	土壤蒸发补偿系数	0~1	建设用地:0.85 非建设用地:0.004
GWQMN	基流产生阈值	0~5 000	3 825
SURLAG	地表径流滞后系数	0.05~24	1.02
GW_REVAP	潜水蒸发系数	0.02~0.2	0.05
CH_N2	主河道曼宁系数	−0.01~0.3	0.03
USLE_P	USLE 方程水保措施因子	0.1~1	0.002~0.3
BC3	有机氮向氨氮的水解速率	0.2~0.4	0.20
NPERCO	氮下渗系数	0~1	0.41
PHOSKD	磷土分离系数	100~200	179.50
PSP	有效磷指数	0.01~0.7	0.19
PPERCO	磷下渗系数	10~17.5	17.01
SPEXP	挟沙能力幂指数	1~1.5	1.43
Spcon	挟沙能力线性指数	0.000 1~0.01	0.01

4.6 本章小结

本章主要是在 SWAT 模型中解决流域双出口问题,从而构建适合秦淮河流域的 SWAT 水文模型和非点源污染模型。针对秦淮河流域的双入江通道和秦淮新河闸站的抽排水等实际情况,在流域外设置入水口(Inlet)输入功能,结合闸站概化、土地利用、气象数据、土壤数据等因素构建适合秦淮河流域的 SWAT 水文模型,并且在实际调研农业施肥措施、点源污染排放等情况下进一步构建 SWAT 非点源污染模型。用实测流量数据和水质数据对模型模拟结果进行校验,E_{NS} 和 R^2 都在可允许的范围内,表明所选用的方法成功解决了 SWAT 模型难以实现的流域双出口等问题,也构建了适合本流域的非点源污染模型,因此本研究构建的模型在研究区域内具有一定的适用性。

<<< 第5章

环境变化与水文水环境
的关系分析

气候变化和城市化等环境变化带来了水资源量和质的变化,在某种程度上限制了水资源的可持续利用。秦淮河流域城市化进程的突飞猛进的发展,改变了城市下垫面条件,污染物的排放带来了生活污染、工业污染等,从而改变了水文循环过程和水环境质量。另外,受城市化和全球气候变化的影响,流域降雨和气温也发生了变化,从而对流域径流和水质产生了影响。水文模型是预测气候变化和土地利用变化对流域水文水资源影响的有效工具,因此,本书借助水文模型研究流域径流和水质变化的成因机制。本章首先对流域径流变化趋势及其原因进行分析,然后进一步借助流域水文模型和非点源污染模型模拟气候变化和土地利用变化带来的水文水环境效应。

5.1　流域径流变化规律分析

径流趋势性分析是探讨要素变化原因的基础,为水文模型模拟结果的合理性提供判断依据。为了能更直观地揭示气温变化的趋势性和阶段性,首先,利用 Matlab 软件将收集到的 1962—2014 年的日均温数据整理为年均径流、汛期径流、非汛期径流数据;其次,利用 OriginPro 2015 软件绘制流域内逐年平均径流图、汛期平均径流图、非汛期平均径流图及其对应的 5 年滑动平均径流变化曲线(图 5-1)。1962—2014 年的年径流量总体呈现轻微的增长趋势,而汛期径流量增长的趋势明显小于非汛期径流量增长的趋势。2000—2014 年的年径流量比 1962—1999 年的年径流量高 3.53 亿 m^3,2000—2014 年的汛期径流量比 1962—1999 年的汛期径流量高 1.59 亿 m^3,2000—2014 年的非汛期径流量比 1962—1999 年的非汛期径流量高 1.95 亿 m^3。武定门闸的流量受秦淮新河闸站的影响较大,一方面,1978 年秦淮新河开挖随后建闸,对武定门汛期的流量起到了分洪作用;另一方面,秦淮新河抽水站建立后,为了改善内外秦淮河的水质,秦淮新河抽水站会从长江抽水冲刷内外秦淮河后由武定门闸排出,特别是在非汛期。因此,武定门闸的流量更多地反映的是受人类活动影响下的流量变化。

采用相同的定量方法去分析流域内径流的年变化和季节变化特点,趋势检验结果参见表 5-1。由表中可以看出,依据 M-K 检验方法的检验结果,可判定秦淮河流域内非汛期径流量有显著上升的趋势($a=0.01$);而年径流量

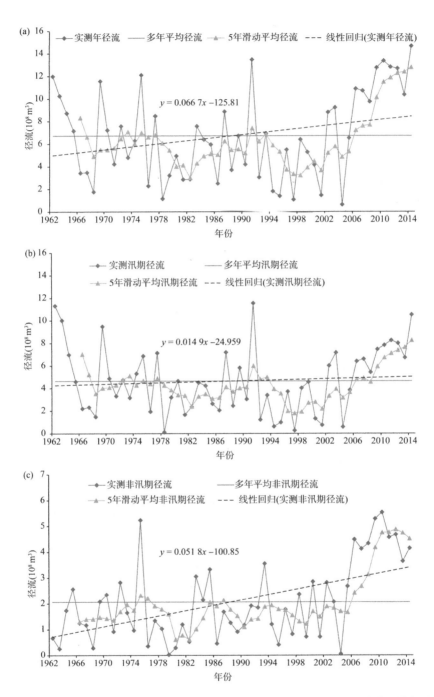

图 5-1　径流量的季节性变化趋势图［(a)为年径流,(b)为汛期径流,(c)为非汛期径流］

和汛期径流量只是呈现轻微的上升趋势,且汛期径流的变化幅度要明显小于非汛期径流的变化幅度。而由线性回归检验方法的检验结果,可判定秦淮河流域内年径流量、非汛期的径流量具有显著上升的趋势($a=0.05$),汛期的径流量有略微的增长趋势,但是趋势不明显。

表 5-1　径流量的季节性变化趋势检验表

时间	M-K 检验				线性回归检验				Sen's 斜率值
	统计值	特征值		趋势	统计值	特征值		趋势	
		0.1	0.05	0.01			0.1	0.05	0.01		
汛期	0.859	1.645	1.96	2.576	→	0.557	1.645	1.96	2.576	→	0.180
非汛期	3.544	1.645	1.96	2.576	↑ *	4.381	1.645	1.96	2.576	↑ *	0.215
全年	1.595	1.645	1.96	2.576	→	1.96	1.645	1.96	2.576	↑ * *	0.332

注:表中↑表示上升趋势;→表示无明显变化趋势;↓表示下降趋势。＊表示99％置信水平;＊＊表示95％置信水平;＊＊＊表示90％置信水平。

5.2　土地利用变化对水文的影响

从第3章中可以得知研究区内土地利用变化的特点是建筑用地的增加和农业用地的减少,换句话说,研究区内发生了快速的城市化,城市化改变了下垫面条件,使得不透水面增加,并引起了蒸散发、降水、下渗等变化,从而改变了地表水文过程。为了探讨快速城市化下的土地变化对秦淮河流域径流的影响,本节在水文气象数据(1985—1999 年)及其参数相同的输入情况下,只改变土地利用类型,即输入不同时期的土地利用情景,模拟结果如表 5-2 所示。从表中可以发现:①与 1995 年的土地利用相比,2000 年、2005 年、2010 年的土地利用情境下的年均径流量略有增加,平均增长率为 1.04％;②季节性变化远大于年际变化,春季径流总量减少(0.8％),夏秋季径流总量基本变化不大,冬季径流总量明显增加,冬季径流总量增加 36.4％。由此,可推断出秦淮河流域城市化过程中的土地利用变化对年径流量的影响不大,却对季节性径流产生了重要的影响,使得春季径流减少,夏季、秋季、冬季的径流增加。本书的研究结果与以往的研究结果类似,例如,王建群、李彩丽、王艳君、李倩、许有鹏、王振涛、芮菡艺等也通过实地调查、模型模拟、对比分析等方法发现在城市化的推动下流域内随着不透水面积的增加,流域内洪峰流量、径流量、径流系数、径流深等水文通量随之增加。

表 5-2　不同土地利用条件下径流模拟结果　　　　（单位:亿 m³）

年份	春	夏	秋	冬	全年
1995	2.623	5.266	1.473	0.376	9.738
2000	2.567	5.285	1.483	0.515	9.850
2005	2.537	5.318	1.491	0.514	9.860
2010	2.601	5.412	1.517	0.513	10.043

空间上,秦淮河流域在城市化过程中,随着城市用地的扩展,每个子流域的径流深都有不同程度的增加(图 5-2)。在 1985—1999 年的气象条件下,比较了 2010 年与 1995 年的土地利用情况下的径流深变化:子流域 3(15％)增加最多,其次是子流域 7(8％)、子流域 17(6％)、子流域 28(4％)。对比 1995 年与 2010 年的土地利用情况发现子流域 3 与子流域 7 是由于 2002 年江宁大学城的规划,以及多所高校的陆续迁入,使得流域内的农用地骤减、水体增加、城镇用地面积增加了 3 倍。另外,2010 年子流域 3 内的林地面积相较于 1995 年的林地面积有所增加,而子流域 7 内的林地面积有所减少,由此说明森林植被覆盖率高有利于流域年径流深增加,这与研究长江流域的金栋梁以及研究黄河下游的郝芳华等得出的结论相似。像子流域 17、子流域 28 等都是由于流域内城镇用地增长比例较大,农业用地以及林地有所减少所致。因此,空间上的子流域变

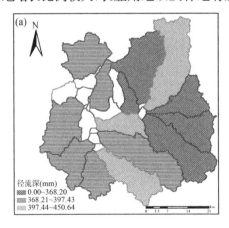
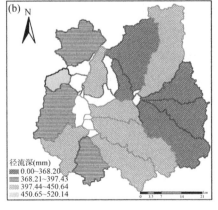

图 5-2　不同土地利用条件下的流域产流分布图[(a) 1995 年;(b) 2010 年]

化更加细微地体现了城镇用地的增加,农用地减少导致了径流的增加。

从上文可知子流域 3 径流增加最多,所以,选取具有代表性的子流域 3 中的各个土地利用类型和其流域内的径流。子流域 3 中的土地利用从 1995 年到 2010 年之间发生了一些变化:水域面积所占比例从 4.95% 增加到 6.68%;林地面积从 4.32% 增加到 23.09%;城镇用地面积从 20.65% 增加到 60.13%;水田和旱地面积分别从 30.59%、39.08% 减少到 3.81%、6.3%;未利用地有所减少。从 1985—1999 年间模拟径流和实测径流每一年的相关系数、纳什系数中选取 R^2 和 E_{NS} 分别为 0.95、0.9 的 1989 年模拟值,探讨每一年的土地利用变化和径流之间的相关性。由于第 4 章中的"模拟值流域双出口设定"中在划定水文响应单元时将土地利用面积的阈值设定为 5%,小于 5% 的面积会被自动分配到子流域内相近的土地利用类型中,因此,后续生成的参与计算的土地利用面积会与实际的有所差异。最终选定了城镇用地和旱地与径流做相关性分析,发现:1995—2010 年间子流域 3 中的城镇用地与径流呈正相关性,R^2 为 0.88;而流域内的旱地与径流呈负相关性,R^2 为 0.95。采用同样的方法对整个流域的土地利用类型面积和流域径流之间的相关性做了相同的分析,发现旱地、水田与径流呈极强负相关性,城镇用地与径流呈极强正相关性,水域面积与径流呈弱相关性,林地与径流在流域内未发现明显的相关性。图 5-3 揭示的是子流域 3 在不同土地利用条件下的不同月份的月径流变化,大部分月份的径流量都有不同程度的增加。因此,在秦淮河流域内水田、旱地的减少以及城镇用地的增加使得流域内的地表径流增加。

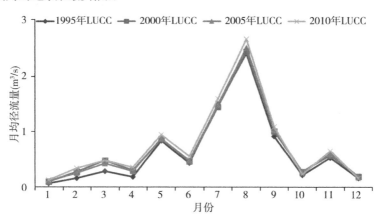

图 5-3　不同土地利用条件下的径流变化情况(子流域 3)

5.3　土地利用变化对水环境的影响

城市化进程的加快和社会经济的发展,使得工业废水和生活污水增多,加之城市土地利用改变,导致城市河流水系连通性降低、河道主干化、河道淤积或消失等问题,降低了河流蓄水排涝和纳污自净能力,使得河流污染负荷加大,河流水质不断恶化,河流生态系统退化。城市化地区水环境变化与径流利用率、水面比例、河网密度、不透水面积、土地利用类型等因素有关,其中土地利用类型和不透水面积对水质影响尤为重要。

5.3.1　土地利用类型与水环境质量的关系

受城市化发展规模、流域时空尺度大小等特点的影响,城市化下土地利用类型对水环境质量的影响存在一定的区域、时空差异性。Tu 认为由于流域特点和污染源不同,不同地区的土地利用类型和水质参数之间的相关性不一致,不同的土地利用类型对应着不同的水污染问题。例如,Tong 发现在美国俄亥俄州流域的 TP、TN 和商业、居住、农业用地之间有很强的正相关关系;Williams 却发现在伊普斯维奇流域 TN、TP 和城市、农业用地之间并没有相关性。虽然不同土地利用类型与不同水质参数之间的相关性不同,但是普遍认为城市化使得水环境质量恶化。Yin 等发现水质最差的监测点在城市地区,并认为城市污染物带来的影响要远大于农业非点源污染带来的影响。因此,为了探究秦淮河流域的土地利用类型与水质参数之间的相关性,本节利用 GIS 的缓冲区分析 (Buffer Analysis)提取 2010 年土地利用图中 26 个实测水质监测点周围的土地利用类型,缓冲半径分别为 100 m、200 m、400 m、800 m、1 600 m。然后利用秩和相关分析(Pearson)探索 2010 年各水质参数和不同面积缓冲区内的土地利用类型之间的相关性(表 5-3)。

从表 5-3 中可以发现城市土地利用类型在不同尺度的缓冲区下对 TP 和 NH_4^+-N 产生了重要的影响,这预示着城市用地的增加是造成秦淮河水质恶化的主要原因之一,其他流域的研究中也曾得出类似的结论。许多先前的研究证明畜禽粪便和化肥的施用等人类活动导致农业用地是一个重要的污染源。然而,秦淮河流域的水田在不同尺度的缓冲区下却与 TP 和 NH_4^+-N 之间呈现了

表 5-3　水质参数和土地利用类型之间的相关性分析（$N=26$）

	T	pH	EC	DO	COD$_{Mn}$	COD	BOD$_5$	NH$_4^+$-N	Zn	F$^-$	TN	TP
100 m												
旱地	-0.23	-0.39	-0.14	-0.38	-0.02	0.12	0.39	-0.08	0.39	0.11	0.43*	-0.08
林地	0.34	0.26	0.04	0.02	-0.02	-0.33	-0.10	-0.09	-0.06	0.01	-0.19	-0.12
水田	-0.23	-0.09	-0.27	0.09	0.07	0.07	0	-0.57**	-0.02	-0.45*	0.13	-0.54**
建设用地	0.02	0.01	1.42*	-0.05	-0.07	0.24	0.11	0.60**	0.07	0.41*	-0.21	0.66**
水域	0.42*	0.28	-0.15	0.20	0.19	-0.25	-0.25	0.06	-0.10	-0.03	-0.09	0.05
200 m												
旱地	-0.25	-0.39*	-0.17	-0.39	0.02	0.15	0.39*	-0.11	0.40*	0.13	0.44*	-0.10
林地	0.34	0.26	0.04	0.02	-0.02	-0.33	-0.10	-0.09	-0.06	0.01	-0.19	-0.12
水田	-0.25	-0.12	-0.30	0.06	0.05	0.06	-0.03	-0.60**	-0.02	-0.46*	0.16	-0.52**
建设用地	-0.01	0.04	0.38	-0.01	-0.11	0.19	0.09	0.52**	-0.01	0.28	-0.21	0.56**
水域	0.32	0.34	0.06	0.31	0.12	-0.20	-0.23	0.25	0.03	0.19	-0.21	0.19
400 m												
旱地	-0.10	-0.20	-0.14	-0.24	0.13	0.03	0.24	-0.35	0.33	-0.06	0.27	-0.32
林地	0.13	0.09	-0.11	-0.001	-0.01	-0.44*	0.05	-0.16	0.02	-0.18	-0.02	-0.24
水田	-0.14	-0.16	-0.38	0.15	0.05	0.11	-0.07	-0.55**	-0.01	-0.49*	0.12	-0.47*
建设用地	-0.068	-0.029	0.325	-0.121	-0.012	0.26	0.13	0.499**	0.074	0.293	-0.064	0.525**

续表

	T	pH	EC	DO	COD_{Mn}	COD	BOD_5	NH_4^+-N	Zn	F^-	TN	TP
水域	0.296	0.349	0.091	0.329	−0.103	−0.248	−0.343	0.207	−0.014	0.246	−0.246	0.221
800 m												
旱地	−0.18	−0.29	−0.28	−0.44*	0.40*	0.17	0.48*	−0.23	0.41*	−0.34	0.22	−0.30
林地	0.14	−0.15	−0.14	−0.31	0.08	−0.09	0.10	0.04	0.06	−0.06	0.27	−0.01
水田	0.11	0.27	−0.05	0.38	0.002	−0.03	−0.29	−0.63**	−0.28	−0.31	−0.23	−0.49*
建设用地	−0.15	−0.17	0.26	−0.25	0.06	0.34	0.34	0.58**	0.21	0.27	0.12	0.52**
水域	0.14	0.21	−0.02	0.45*	−0.34	−0.26	−0.48*	0.08	−0.14	0.11	−0.22	0.09
1 600 m												
旱地	0.02	−0.26	−0.18	−0.57**	0.57**	0.16	0.63**	−0.07	0.33	−0.25	0.12	−0.20
林地	0.09	−0.07	−0.11	−0.41*	0.35	0.27	0.24	0.03	0.05	−0.07	0.23	0.04
水田	0.06	0.26	−0.05	0.53**	−0.03	−0.11	−0.30	−0.60**	−0.27	−0.36	−0.17	−0.45*
建设用地	−0.10	−0.30	0.11	−0.54**	−0.10	0.16	0.16	0.53**	0.18	0.33	0.18	0.40*
水域	0.31	0.420*	0.08	0.56**	−0.21	−0.28	−0.52**	0.19	−0.27	0.18	−0.31	0.22
未利用地	−0.23	−0.33	−0.17	−0.33	0.33	0.33	0.33	0.28	0.25	−0.13	0.17	0.31

显著的负相关关系,这说明水田不但没有产生污染,反而可以减轻 N、P 等污染。Tu、Zhao 认为城市化水平较高地区的农业用地可以减轻水质污染。而水田和旱地与 COD_{Mn}、BOD_5 呈现显著正相关。另外,土地利用类型与生物化学变量和营养盐参数之间的相关性随着缓冲区面积的扩大而增加。当缓冲区面积超过 800 m 时,旱地与 COD_{Mn}、BOD_5 呈现显著的正相关。对比不同缓冲区面积下土地利用类型与营养盐之间的相关分析发现,当缓冲区半径是 400 m 时,土地利用类型与生化参数和营养盐之间存在较小的相关性。

5.3.2 土地利用变化对非点源污染的影响

采用相同的方法输入不同时期的土地利用图分析秦淮河流域非点源污染负荷的时空演变规律。表 5-4 列出了不同土地利用条件下流域非点源污染负荷情况。

水土流失不仅造成城市生态区土层变薄、土壤功能下降,同时土壤侵蚀产生的大量泥沙淤积于城市排洪渠、下水道、河道等排洪设施中,大大降低了这些设施的排洪泄洪能力,城市化下的水土流失研究具有重要意义。通过对 5 种不同土地利用类型的泥沙模拟发现:①与 1995 年的土地利用情况相比,2000 年、2005 年、2010 年的土地利用情况下的泥沙流失量大量增加,平均变化率为 28.6%;②季节性变化远大于年际变化,夏季增加量不大,春季、秋季、冬季泥沙流失量增加 38.9%～62%。城市化过程中人类活动的增加使得地表植被和自然地形遭到严重破坏,一方面,城市化导致城市地区的水塘、河流、林地等大量消失或被改造,加上不透水地表面积显著增加,使暴雨径流产生的洪峰流量和能量集中,加大了水流的侵蚀能力;另一方面,城市化基础建设产生的大量松散堆积物以及城市生活垃圾的乱堆乱放给径流侵蚀提供了丰富的物质基础。由此,可推断出在秦淮河流域城市化过程中的土地利用变化使得流域内的泥沙流失量增加,季节性变化大于年际变化。

通过比较 5 种不同土地利用情况下的氮负荷模拟发现:①与 1995 年的土地利用情况相比,2000 年、2005 年、2010 年的土地利用下的铵盐负荷量增加,年平均变化率为 5.6%;②季节性变化远大于年际变化,夏季的氨氮污染是减少的(1.8%),而春季、秋季、冬季的氨氮污染却是增加的,其中冬季增加的量最多(111.7%)。吴一鸣认为耕地面积与年均单位面积的有机氮、硝态氮均呈明显的正相关,而林地面积与氨氮呈负相关,也就是说,耕地减少,TN 减少的概率较大,林地减少,氨氮增加的概率较大;黄金良、周增荣研究发现建设用地面积与氨氮存在着明显的正相关,随着城市用地的增加,氨氮随之增加。另外,由于城市化和国家实施的秸秆还田措施,使得冬小麦的种植范围缩小,而冬季种植大棚蔬菜的面积增多,蔬菜的施肥以农家肥料为主、复合肥为辅,这便使得总氮、铵盐负荷在冬季增加。

通过比较5种不同土地利用情况下的磷负荷模拟发现:①与1995年的土地利用情况相比,2000年、2005年、2010年的土地利用下的总磷负荷量增加,年平均变化率为 6.6%;②季节性变化远大于年际变化,总磷负荷量在春季、秋季、冬季是增加的,其中冬季增加量是最多的(85.5%),夏季是减少的(3.5%)。由此,可推断出在不增加肥料的情况下,城镇用地的增加、农业用地的减少会使得流域内农业面源产生的总磷负荷量相应减少,随地表径流进入水体的磷量也随之减少;而徐群、黄金良认为土地利用方式的转变导致土壤侵蚀和磷进入水体,并且城镇用地对 TP 输出量较大;另外,吴一鸣认为林地与矿物磷呈明显的负相关,也就说明随着研究区内林地的减少,流域内 TP 相应增加。因此,随着流域内城镇用地的增加和林地的减少,TP 输出量也相应增加。

表 5-4　不同土地利用条件下流域非点源污染负荷

非点源类型	年份	春季	夏季	秋季	冬季	年均负荷量
SED (万 t)	1995	7.941	6.111	1.083	1.597	16.731
	2000	9.594	6.320	1.258	2.147	19.319
	2005	9.888	6.126	1.368	2.265	19.647
	2010	14.128	6.233	1.889	3.350	25.600
NH_4^+-N (t)	1995	293.268	357.101	69.496	16.014	735.879
	2000	295.454	359.677	64.871	28.879	748.881
	2005	300.803	350.237	71.445	30.788	753.273
	2010	366.717	342.521	78.451	42.040	829.729
TP (t)	1995	241.469	323.738	49.577	19.200	633.984
	2000	248.139	321.367	47.529	29.387	646.422
	2005	258.801	314.386	52.256	32.800	658.243
	2010	318.345	301.015	58.761	44.688	722.809

5.3.3 非点源污染的空间分布规律

空间上,秦淮河流域在城市化过程中,随着城市用地的扩展,每个子流域的非点源污染都有不同程度的变化。相对 1995 年的土地利用情况,2010 年的土地利用情况下流域内总的泥沙流失量是增加的,但是也有一些子流域的泥沙流失量是减少的,其中子流域 3(164%)、子流域 4(60%)、子流域 7(94%)、子流域 17(108%)的泥沙流失量是增加最多的,子流域 6(7%)、子流域 13(3%)、子流域 25(1%)的泥沙流失量是减少的[图 5-4(a)、(b)]。子流域 3、子流域 4、子流域 7、子流域 17 城市用地成 3 倍增加、农业用地大量减少;子流域 6、子流域 14、子流域 25 的特点是城镇用地、农业用地变幅都不大,虽然泥沙流失量是减少的,但是减少的幅度却很小。总磷负荷在子流域有不同程度的变化,相对 1995 年的土地利用情况,2010 年的土地利用情况下流域内子流域 3(64%)、子流域 7(17%)、子流域 17(77%)、子流域 24(31%)总磷是增加最多的,还有一小部分子流域总磷呈现轻微减少的浮动[图 5-4(c)、(d)]。2010 年的土地利用情境下,几乎所有子流域的铵盐都是增加的,增加最多的是子流域 3(55%)、子流域 17(84%)、子流域 24(36%)[图 5-4(e)、(f)]。因此,子流域内的非点源污染随着土地利用的变化呈现一定的变化规律。

5.4 气候变化对径流和非点源污染的影响

5.4.1 流域气温变化规律分析

本研究选用南京站、溧水站、江宁站、句容站四个气象站点作为流域代表分析站点。利用 OriginPro 2015 软件绘制流域内逐年平均气温图、汛期平均气温图、非汛期平均气温图及其对应的 5 年滑动平均气温变化曲线[图 5-5(a)、(b)、(c)]。从图中可以看出年均气温、汛期气温、非汛期气温总体都呈现较为明显的增长趋势,其中 2000—2014 年的年平均气温较 1962—1999 年的年平均气温升高 1.038℃,汛期平均气温(0.955℃)的增长趋势略小于非汛期平均气温(1.122℃)的增长趋势。

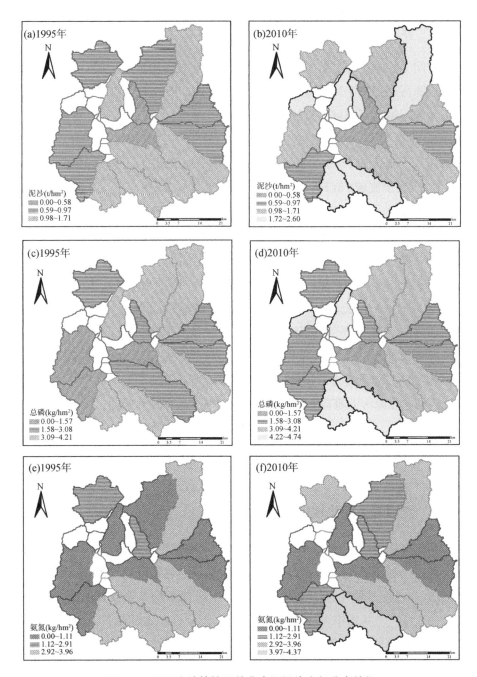

图 5-4　不同土地情境下的非点源污染空间分布特征

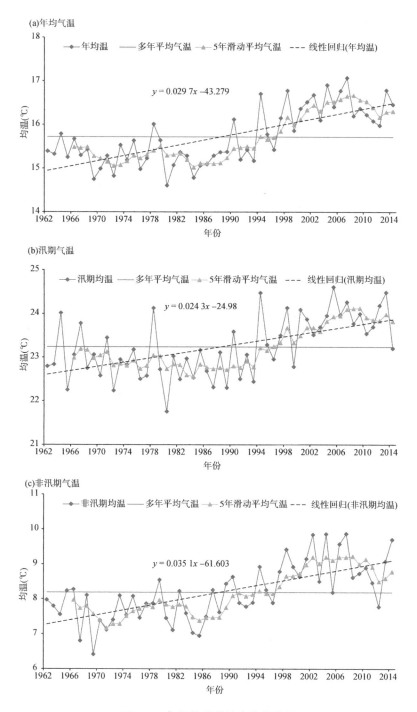

图 5-5　气温的季节性变化趋势图

在直观定性分析的基础上,本书选用 M-K 秩次相关检验法、Sen's 斜率值、线性回归模型检验法定量分析流域内气温的年变化和季节变化特点,对气温长时间序列进行分析,趋势检验结果见表 5-5。从表中可以发现,根据 M-K 秩次相关检验法、线性回归模型检验法、Sen's 斜率值的检验结果都可判定秦淮河流域内年均气温、汛期均温、非汛期均温有显著的上升趋势($a=0.01$),并且汛期均温的变化幅度要小于非汛期均温的变化幅度。气温上升的原因可能主要在于受气候变化的影响和迅速城市化带来的城市热岛效应。

表 5-5　气温的季节性变化趋势检验表

时间	M-K 秩次相关检验					线性回归模型检验					Sen's 斜率值
	统计值	特征值			趋势	统计值	特征值			趋势	
		0.1	0.05	0.01			0.1	0.05	0.01		
汛期	3.16	1.645	1.96	2.576	↑＊	21.3	1.645	1.96	2.576	↑＊	0.026
非汛期	4.66	1.645	1.96	2.576	↑＊	40.38	1.645	1.96	2.576	↑＊	0.035
全年	4.93	1.645	1.96	2.576	↑＊	52.65	1.645	1.96	2.576	↑＊	0.029

注:表中↑表示上升趋势;→表示无明显变化趋势;↓表示下降趋势。＊表示 99% 置信水平;＊＊表示 95% 置信水平;＊＊＊表示 90% 置信水平。

5.4.2　流域降水变化规律分析

降水变化的趋势性和阶段性制图分析过程同上述的气温变化趋势性和阶段性,图 5-6(a)、(b)、(c)直观地展示了 1962—2014 年的年降水量图、汛期降水量图、非汛期降水量图及其对应的 5 年滑动平均降水变化过程。从图中可以看出,无论是年降水量还是汛期与非汛期的降水量都呈现略微增加的趋势,2000—2014 年的年降水量较 1962—1999 年的年降水量高 48.99 mm,而汛期降水升高 44.77 mm,这一增加值明显高于非汛期。

在直观定性分析的基础上,采用与定量分析气温的相同方法分析流域内降水的年变化和季节变化特点,对长时间历史序列的降水数据进行分析,趋势检验结果参见表 5-6。根据 M-K 秩次相关检验法、线性回归模型检验法、Sen's 斜率值的检验结果,可判定秦淮河流域内非汛期降雨量、年降雨量、汛期降雨量虽然都有略微上升趋势,但上升趋势没有气温的上升趋势显著,在总体趋势上非汛期降水的增长幅度要略大于汛期降水的增长幅度。可能的原因是降水的影响因素比较复杂,在秦淮河流域地区地形条件、气象条件、季风、台风等都对其产生影响。

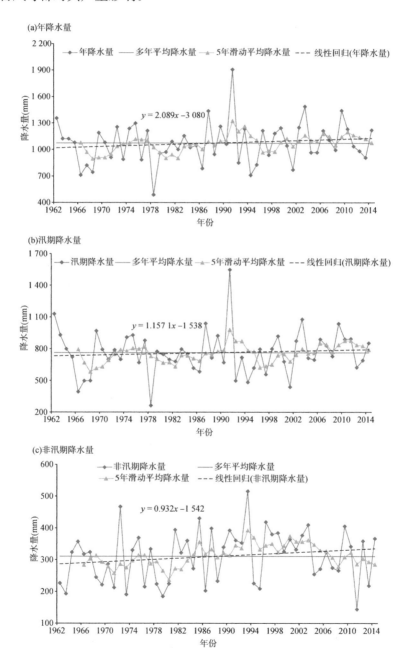

图 5-6　降水量的季节性变化趋势图

表 5-6　降水的季节性变化趋势检验表

时间	M-K 秩次相关检验					线性回归模型检验					Sen's 斜率值
	统计值	特征值			趋势	统计值	特征值			趋势	
		0.1	0.05	0.01			0.1	0.05	0.01		
汛期	0.445	1.645	1.96	2.576	→	0.38	1.645	1.96	2.576	→	0.413
非汛期	1.488	1.645	1.96	2.576	→	1.36	1.645	1.96	2.576	→	1.007
全年	1.105	1.645	1.96	2.576	→	0.975	1.645	1.96	2.576	→	1.735

注:表中↑表示上升趋势;→表示无明显变化趋势;↓表示下降趋势。＊表示 99％置信水平;＊＊表示 95％置信水平;＊＊＊表示 90％置信水平。

5.4.3　降水和气温与径流的关系分析

利用交叉小波变换虽然能够分析多时间尺度时频域中的两个时间序列的分布状况和位相关系,但不能很好地揭示时频域中的低能量区。而小波相干却可以很好地揭示低能量区中两个时间信号的相关性。本研究综合交叉小波变换和小波相干的优点,从多时间尺度的角度探讨气象和水文要素在时频域中的相关性。

河川径流形成的直接原因是降水,河川径流的多少在很大程度上取决于流域降水量的丰枯变化。下垫面主要是通过改变区域降水径流关系来对河川径流产生影响。年降水与年径流的交叉小波变换结果揭示了秦淮河流域年降水与年径流在不同时频域的相互作用关系。秦淮河流域的年均径流与年降水量在大多数时频域中表现为同相位关系,呈现较好的正相关关系,存在 1~4 年的共振周期。从年降水与年径流的小波相干分析的结果来看,秦淮河流域年降水量与年径流量存在显著的正相关关系,通过显著性检验的区域占整个小波影响锥范围的 50％以上,说明降水是影响秦淮河流域径流的一个重要因素。

气温的高低既影响降水的形成,也决定了降水以何种形式落入地面,因此,气温变化对河川径流变化也具有一定的影响。年气温与年径流的交叉小波变换结果揭示了秦淮河流域年均温与年径流在不同时频域的相互作用关系,两者存在 2 个通过了 95％置信度检验的共振周期:3 年(1972—1975 年)和 5 年(1990—1995 年),径流与气温在显著性周期中表现为不同步变化。年气温与年径流的小波相干分析表明,秦淮河流域年均温与年径流存在 1~2 年的共振周期,且共振周期内年径流与年均温存在显著的负相关关系。换句话说,随着流域内气温的增加,蒸发就会随之增加,相应的径流就会减少。

5.4.4　气候变化对径流和非点源污染的影响

气候变化对水文过程及其水环境的影响是目前全球变化研究中的热点和难点,其在水循环的过程中间接或直接地影响了水环境质量。秦淮河流域地处长江三角洲,是气候变化的敏感区,研究气候变化对此地区水资源的影响具有重要的现实意义。以 1985—2014 年的气候变化情境作为 SWAT 模型气候输入资料,而其他的所有因素都不变,即用统一的土地利用数据(1995年)和参数,结合第 3 章分析的水质污染特点(2000 年之后污染加剧),本书将气候数据分为两个阶段:1985—1999 年、2000—2014 年,本书认为 Inlet 的入流及其污染物排放,主要是由城市化下的人类活动引起的,因此,在此阶段将不考虑模型设置。从表 5-7 中可以发现:①在 1995 年的土地利用不变情况下,以 1985—1999 年的气候产生的径流为基期,秦淮河流域的径流呈现增长的趋势,平均增长率为 4.7%;②季节性变化大于年际变化,春季径流总量减少(15%),夏季、秋季、冬季径流总量有不同程度的增加,冬季径流总量增加最多,为 22.2%,其次为夏季,增加 11.6%。由此,可推断出秦淮河流域气候变化使得年径流量增加,春季径流减少,夏季、秋季、冬季的径流增加。

表 5-7　气候变化对径流和非点源污染的影响

非点源污染类型	气象条件(年)	春季	夏季	秋季	冬季	全年污染负荷量
FLOW(亿 m³)	1985—1999	2.623	5.266	1.473	0.376	9.738
	2000—2014	2.229	5.875	1.628	0.459	10.191
SED(万 t)	1985—1999	7.941	6.111	1.083	1.597	16.732
	2000—2014	6.146	3.655	1.373	2.320	13.494
NH_4^+-N(t)	1985—1999	293.268	357.101	69.496	16.014	735.879
	2000—2014	259.075	280.976	54.471	21.215	615.737
TP(t)	1985—1999	241.469	323.738	49.577	19.200	633.984
	2000—2014	193.197	237.428	45.598	24.369	500.592

为了定量研究气候变化对非点源污染的影响,将长时间序列的气象因子输入模型中,通过模型计算,得出以下主要结论:①在 1995 年的土地利用不变

情况下,以 1985—1999 年气候产生的泥沙流失量为基期,其他的气候产生数据与之比较,总体上气候变化使得平均泥沙流失量减少 19.4%,季节性变化表现为春夏泥沙流失总量减少,秋冬泥沙总量增加(表 5-7);②在 1995 年的土地利用不变情况下,以 1985—1999 年气候产生的铵盐为基期,其他的气候产生数据与之比较,气候变化使得年均铵盐减少,也表现为一定的季节性变化,春夏秋季铵盐量减少,冬季铵盐量增加(表 5-7);③同样的条件设置下总磷是减少的,平均变化率为 21%,季节性变化上总磷在春季、夏季、秋季是减少的,在冬季是增加的(表 5-7)。可见,气候变化使得泥沙负荷、氮磷污染减少。

5.5 变化环境对水文变量和非点源污染的影响

城市化进程下的不透水面的增加、工业活动、人口增加导致大气中碳浓度增加,引发城市热岛效应,促进局部气温和降水的增加以及蒸散发的减少,改变城市地区的局部气候。而同时,由于城市小气候的改变,气温、降水、蒸散发过程发生变化,干扰了水循环过程,带来了城市地区的洪水灾害并引起海平面上升,这也限制了城市化进程。也就是说,城市化和气候变化本身就是相互影响、相互作用的,并且共同改变水循环过程,但是通过总结前人的研究发现,在研究城市化或者气候变化对水文水环境的影响时往往会将两者孤立起来考虑。如果只单纯考虑一方面,则可能扩大问题或者得出错误的结论,所以应综合考虑两者的影响。因此,本节研究城市化和气候条件同时变化的情况下,流域水文变量和非点源污染要素是如何变化的,将收集到的土地利用数据以及相应时间段内的气候观测数据结合起来,添加到 SWAT 模型中,评价当气候和土地利用都在变化时水文变量和非点源污染变化情况(表 5-8)。

表 5-8 流域年径流量

年份	年径流量(亿 m³)			年降雨量(mm)
	2020 年	情境 S1	情境 S2	
1978(枯水年)	0.81	0.92	0.88	537
1981(平水年)	4.57	4.73	4.70	1 057

续表

年份	年径流量(亿 m^3)			年降雨量(mm)
	2020 年	情境 S1	情境 S2	
1991(丰水年)	9.49	9.59	9.57	1 831

5.5.1 典型年气候条件下不同土地利用情境的模拟结果

由前文可知,降水是影响秦淮河流域径流的一个重要因素,因而,为研究不同气候条件下不同土地利用情境对径流的影响,本书将研究期内降水量最高的年份 1991 年设置为丰水年,降水量最接近平均值的年份 1981 年设置为平水年,降水量最少的年份 1978 年设置为枯水年。同时,使用这三个年份对应的气象条件分别对情境 S1、情境 S2、2020 年的土地利用类型的模拟结果进行对比。

研究结果表明,年径流量对降水量的响应明显,二者变化规律基本一致:降水量较大的年份,模拟计算出的年径流量也较大。在三种气象条件下,情境 S1 与情境 S2 的年径流量相对于 2020 年土地利用的模拟结果均有所增加。在枯水年的气象条件下,情境 S1 的年径流量增加了 13.6%,情境 S2 的年径流量则增加了 8.6%;在平水年的气象条件下,情境 S1 的年径流量增加了 3.5%,情境 S2 的年径流量则增加了 2.8%;在丰水年的气象条件下,情境 S1 的年径流量增加了 1.1%,情境 S2 的年径流量增加了 1.0%。随着城市化进程的不断推进,秦淮河流域的建设用地面积占比增加,年径流量也随之增加,而且降水量较少的年份对土地利用变化的响应更加敏感。

同时研究还发现,在丰水年的气象条件下,建设用地较多的子流域对总水量的贡献要少于其他区域,而在平水期和枯水期的气象条件下则相反。这可能与地表径流系数有关。无论情境 S1 还是情境 S2,地表径流系数较高的区域都是流域西北角,这些区域是建设用地的聚集区。在丰水年的气象条件下,耕地、林地等土地利用类型容易产生径流,对秦淮河流域的总水量贡献较大;在平水年和枯水年的气象条件下,耕地、林地等土地利用类型产生的径流减少,而建设用地区域的高地表径流系数使得降雨难以进入土壤以及地下水中,更容易产生径流,所以在平水年和枯水年的气候条件下建设用地的增加更容易导致年径流量的增加。

5.5.2 变化条件下径流与非点源污染的变化特点

从图 5-7(a)中可发现,在土地利用和气候条件同时变化的情况下,以1995 年的土地利用以及 1985—1999 年的气象条件产生的径流为基期,秦淮河流域的径流在 2010 年的土地利用和 2000—2014 年的气候条件下呈现增长的趋势,变化率为 57.2%。从前述三节的内容可得知,当只有土地利用变化时,流域径流量的年平均变化率为 1.8%;当只有气候条件在变化时,流域径流量的年平均变化率为 4.7%。也就是说,当同时考虑气候变化和城市化时,径流量的增加量大于两者分别考虑时的径流变化量。对于季节性变化而言,无论是单独考虑城市化还是气候变化,春季的平均径流变化量都是减少的;但是当气候变化和城市化都发生时春、夏、秋、冬四季的平均径流量是增加的,当同时考虑两者时,夏秋冬季节的径流增加值更多。这一方面源于土地利用变化、气象条件的改变,另一方面原因在于 2000 年之后从秦淮新河抽水站以及污水处理厂排放水量增多等城市化背景下的人类活动影响。不同气候条件和土地利用条件设置如表 5-9 所示。

表 5-9 不同气候条件和土地利用条件设置

符号	气候条件(年)	土地利用条件(年)
L1C1	1985—1999	1995
L2C2	2000—2014	2010

对于非点源污染,当土地利用和气候条件同时变化时,各污染物的变化特点具有差异性。当土地利用和气候条件同时变化时,平均泥沙流失总量是增加的,大于两者分别考虑时的泥沙流失量之和,当只考虑气候变化时平均泥沙流失总量是减少的,这意味着土地利用变化对泥沙流失量的影响更强烈一些;当土地利用条件和气候条件同时变化时,夏季泥沙总量是减少的,而当只有土地利用条件变化时泥沙却是增加的;秋冬季的平均泥沙流失总量是增加的,大于分别考虑两者时的流失变化量[图 5-7(b)]。当土地利用和气候条件同时变化时,铵盐和总磷的年平均变化量是增加的,只考虑气候变化时铵盐和总磷污染是减少的,而只考虑土地利用变化时,铵盐和总磷污染是增加的;对于铵盐和总磷的季节性变化来说,当土地利用和气候条件同时变化时

夏季的平均铵盐和总磷变化量也是减少的,与只考虑土地利用变化或气候变化时保持一致,春秋冬季的平均铵盐变化量是增加的,增加值略大于只考虑土地利用变化或气候变化时的情境[图 5-7(c)、(d)]。由此可知城市化对总磷和铵盐的影响更大一些。

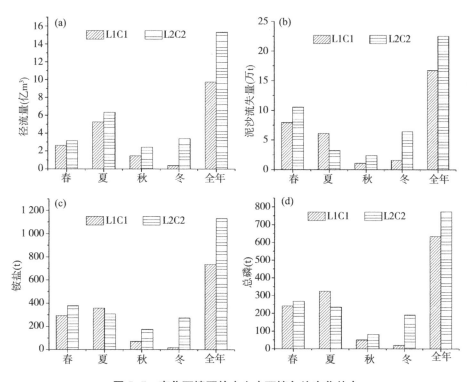

图 5-7　变化环境下的水文水环境年均变化特点

5.6　本章小结

本章先分析了流域径流、降雨、气温等变化趋势,并探讨了降雨、气温等对径流的影响,然后利用构建的模型模拟气候变化和城市化带来的水文和水环境的变化。主要结论如下:

(1)流域气温、降雨、径流都呈现一定的增加趋势,降雨是影响流域径流变化的一个重要因素。受全球气候变化和城市化的影响,流域内的年均温、汛期均温、非汛期均温都呈现显著上升的趋势,2000—2014 年的年均气温较

1962—1999 年的年均气温升高 1.038℃;各季节性降水量的变化特点并没有气温的变化特点显著,但是 2000—2014 年的年降水量较 1962—1999 年的年降水量高 48.99 mm,可能的原因在于影响降水的因素的复杂性;1962—2014 年武定门闸的季节性径流量都呈现出一定的增加趋势,由于非汛期秦淮新河抽水站的引江冲污以及 1978 年秦淮新河开挖对武定门闸汛期流量的分洪作用,使得非汛期径流量的增加趋势更显著。另外,通过小波相干和交叉小波分析发现流域径流与降雨呈正比、与气温呈反比,且降雨是影响径流的一个重要因素。

(2) 不同环境变化情境下的径流量都呈现增加的特征。在只改变土地利用,即输入不同时期的土地利用的情形下,农用地的减少、城镇用地的增加使得城市地表径流增加。在只改变气象条件的情形下,气候变化使得年径流增加,经过比较发现气候变化对径流量的改变要大于土地利用变化带来的径流量的变化。而当同时考虑气候变化和城市化的情形下,径流量是增加的,且增加量要大于两者分别考虑时的情形。因此,在以后研究中应同时考虑城市化和气候变化对径流的影响。

(3) 不同环境变化情境下的非点源污染特点呈现一定的差异性。在只改变土地利用类型,即输入不同时期的土地利用的情形下,农用地的减少、城镇用地的增加、林地的减少使得铵盐和总磷污染增加、泥沙流失量增加。在只改变气象条件的情况下,气候变化使得泥沙流失量减少、铵盐和总磷污染减少。而当同时考虑气候变化和城市化的情形下,铵盐和总磷污染增加、泥沙流失量增加。因此,通过比较发现城市化是秦淮河流域水环境质量恶化的重要原因。

<<< 第6章

未来环境变化及水文水环境
的响应趋势

面对未来人类活动主导下的土地利用变化和全球气候变化,秦淮河流域应如何应对可能出现的水文和水环境问题呢? 本研究利用气候预测模型(SDSM)和土地利用预测模型(CLUE-S)分别对未来气候和土地利用情况进行预测,然后耦合 CLUE-S 模型、气候预测模型、SWAT 模型,用以预测和评估未来土地利用变化和气候变化对水文和水环境的影响。

6.1　未来气候变化预测

目前结合全球气候模式(GCM)或区域气候模式(RCM)输出结果,利用精度高、综合性强的区域水量平衡模型预估未来水文气象因子的变化方向。基于 GCM 的未来气候变化的预测是在一系列驱动因子(如人口增长率、环境条件、经济发展速度、全球变化、技术进步等)的组合下,先计算出未来温室气体排放情境,再计算大气浓度,然后在气候模式下的驱动模式中输入相应辐射的信息。本书在探讨未来气候变化对水文水资源的影响时主要考虑两个方面,一个是要满足不同排放情境下的气候变化,另一个是要与未来土地利用变化情境下的水文水资源影响做比较,因此在未来气候变化情境的模式上只选择了 GCM(HadCM3)的 A2 和 B2 两种气体排放情境。但是由于 GCM 输出信息的空间分辨率较低(一般为 50 000 km^2),缺少区域气候信息,所以必须降尺度处理获得小尺度上未来气候变化资源,才能满足气候变化对区域水文和水环境影响评估的需要。目前,统计降尺度、动力降尺度、动力和统计相结合的降尺度方法是几种常见的降尺度方法,每一种方法各有利弊。考虑到统计降尺度具有计算量小、易操作等特点,本书首选统计降尺度。

6.1.1　基于 SDSM 统计降尺度的模型模拟

SDSM 是一种将大尺度、低分辨率的 GCMs 输出转换为区域尺度的地面气候变化信息的决策支持系统。该模型通过统计学方法建立气候变量和预报因子之间的关系,然后利用生成的参数模拟预报因子的未来时间序列。主要包括:质量控制、函数转换、选择变量、模式标定、天气发生器模拟、未来情境生成等几个步骤。

1. 数据处理方法及其预报因子的选择

实测数据选择研究区内 4 个气象站点的日最高和最低气温以及日降水量。本书选用加拿大气候影响和情境(CCIS)项目提供的预报因子变量,其包含气流强度和相对湿度等在内的大气环流要素,这些变量由 CCIS 应用 GCM 的日输出数据转换而成。

统计降尺度的其中一个重要环节就是选择预报因子,因为未来情境的特征主要取决于所选的预报因子。利用相关系数矩阵和偏相关分析两种统计方法对预报因子和气象要素建立相关关系,从中选取与气象要素相关性比较高的预报变量(表 6-1)。

表 6-1　降尺度模型预报因子

	日最高、最低气温	日降水量
预报因子	Ncepp5_uas	Ncepp_zhas
	Ncepr850as	Ncepp8_uas
	Nceprhumas	Nceppr500as
	Nceptempas	Nceppr850as
		Nceprhumas
模型类型	日模型、无条件过程	日模型、有条件过程

2. 模型的率定和验证

在应用建好的 SDSM 模型之前,需用已有的观测资料来检验模型的精度。本研究选用 1961—1990 年的实测数据来率定,选用 1991—2000 年的实测数据来验证。

(1) 模型的率定

通过比较率定期内的 SDSM 降尺度模拟值和实测数据分析 GCMs 预报因子变量的模拟效果。率定期内日最高气温的实测值和 SDSM 模型降尺度值相关系数 $R^2=0.938$,纳什系数为 0.938,相对误差为 0.1% 以内;率定期内日最低气温的实测值和 SDSM 模型降尺度值 $R^2=0.951$,纳什系数为 0.951,相对误差为 0.1% 以内,月降水量的实测值和降尺度值的 R^2 为 0.63,纳什系数为 0.57 左右,月均降水量的纳什系数在 0.8 左右,可能的原因是降水受当地地理及地形条件限制,大气环流影响相对较弱(图 6-1 至图 6-3)。

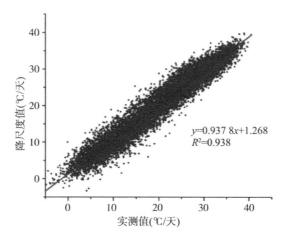

图 6-1　基准期日最高气温实测数据和 SDSM 降尺度模拟值

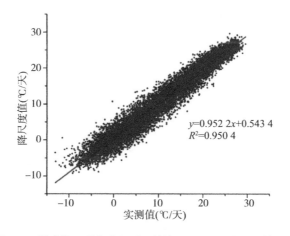

图 6-2　基准期日最低气温实测数据和 SDSM 降尺度模拟值

（2）模型的验证

本研究模拟了南京站、溧水站、句容站、江宁站的月均最高、最低气温和气温降水序列。结果表明，验证期（1991—2001 年）内，秦淮河流域的实测值和模拟值拟合得相当好，模型验证期内站点日均最高气温的实测值和 SDSM 降尺度值 $R^2=0.937$，纳什系数为 0.937，相对误差在 0.1% 以内；率定期内日最低气温的实测值和 SDSM 降尺度值 $R^2=0.948\,3$，纳什系数为 0.943，相对误差在 0.1% 以内（图 6-4、图 6-5）。验证期内月降水量的实测值和降尺度值

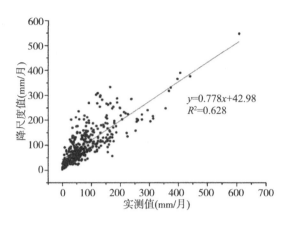

图 6-3   基准期月均降雨量实测数据和 SDSM 降尺度模拟值

的纳什系数为 0.52 左右，R^2 在 0.62 左右，月均降水量的纳什系数在 0.8 左右(图 6-6)。可见，秦淮河流域的大气环流因子与气温要素存在较强的相关性，与降水的相关关系相对较弱。

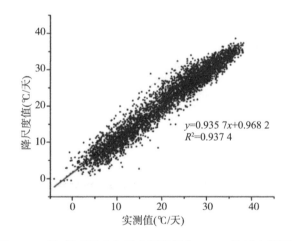

图 6-4   验证期日最高气温实测数据和 SDSM 降尺度模拟值

6.1.2   未来气候情境下温度和降水的变化分析

1. 未来气温变化趋势分析

基于江苏省气候变化的发展趋势，针对 2015—2050 年时段，应用 Had-CM3 大气环流模式下的 A2、B2 两种情境输出未来气候情境，SDSM 模型经

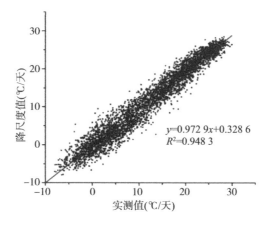

图 6-5 验证期日最低气温实测数据和 SDSM 降尺度模拟值

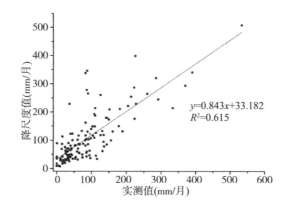

图 6-6 验证期月均降雨量实测数据和 SDSM 降尺度模拟值

验证通过后生成各个时期的气温和降水的未来时间序列和可能的变化情境，对秦淮河流域气候变化进行分析。比较 HadCM3 模式下的 A2、B2 两种情境的温度变化情况发现：A2 情境下的气温变化幅度要大于 B2 情境下的气温变化幅度；2015—2050 年期间，A2 情境下的最高温度变化幅度为 0.51～3.82℃，B2 情境下的最高温度变化幅度为 0.22～1.59℃；2015—2050 年期间，A2 情境下的最低温度变化幅度为 0.46～2.85℃，B2 情境下的最高温度变化幅度为 0.55～1.19℃（图 6-7）。可见研究期气候情境下的气温总体上呈现增加的趋势。

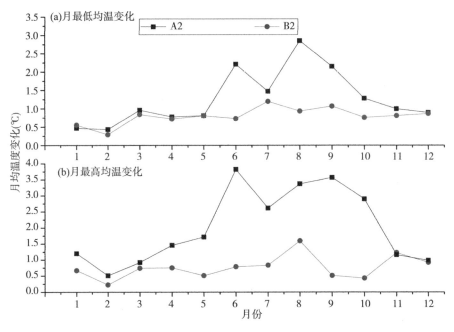

图 6-7　秦淮河流域不同情境下温度的年内变化图

2. 未来降雨变化趋势分析

以秦淮河流域 1991—2014 年的平均降水量作为基准期,从图 6-8 中可以看出:HadCM3 在 A2、B2 情境下的年均降水量都有所增加,B2 情境下的年均

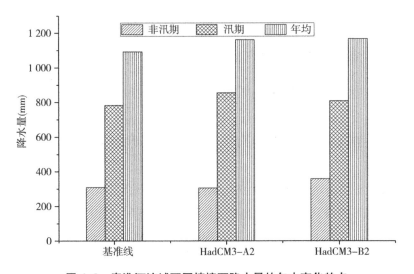

图 6-8　秦淮河流域不同情境下降水量的年内变化特点

降水量略大于 A2 情境下的年均降水量;A2 情境下汛期降水量增加明显大于 B2 情境下的降水量和基准期的降水量,非汛期降水量略小于基准期的降水量;B2 情境下汛期降水量略大于基准期降水量,而且非汛期降水量的增加趋势大于汛期降水量的增加趋势。由此可推断出 A2 情境下秦淮河流域汛期易发生洪涝灾害,非汛期发生旱灾的频率可能更高。

6.2 未来土地利用变化情境对水文和水环境的影响

6.2.1 未来土地利用变化情境对径流的影响

本节在参数不变的情况下,用 3.3 节模拟的未来 S1、S2 两种土地利用情境及其 1985—1999 年水文气象数据作为输入条件,模拟未来土地利用变化对径流的影响(表 6-2)。从表中可以发现:①与 1995 年的土地利用相比,2035 年的 S1 和 S2 两种土地利用情境下的年均径流量有明显增加,2035 年 S1 情境增长率为 14.2%,2035 年 S2 情境增长率为 10.2%;②未来土地利用变化下,2035 年 S1 情境下春夏秋冬的径流总量都有不同程度的增加,秋冬季径流增加明显;而在 2035 年 S2 情境下春夏秋冬的径流总量都有不同程度的增加,增长率相对比较均匀。地表径流的增加源于建设用地的增加和林地、耕地的减少。由此,可推断出随着未来秦淮河流域城市用地的骤增和其他用地的骤减,径流量会增加。

表 6-2　未来土地利用情境下径流模拟结果　　　（单位:亿 m³）

土地利用年份	春	夏	秋	冬	全年
1995 年	2.623	5.266	1.473	0.376	9.738
2035 年 S1	2.904	5.786	2.002	0.433	11.125
2035 年 S2	2.850	5.593	1.573	0.413	10.429

空间上,秦淮河流域在城市化过程中,相较于 1995 年的土地利用情境,未来两种土地利用变化情境下子流域的径流深变化具有一定的相似性和差异性:2035 年 S2 情境下子流域 3(17%)、子流域 7(14%)、子流域 28(9%)仍有增长,子流域 4(13%)、子流域 17(11%)也有增长;2035 年 S1 情境下子流域

3(19％)、子流域 7(22％)、子流域 28(16％)、子流域 4(18％)、子流域 10
(18％)、子流域 17(21％)的径流深增长幅度要大于 S2 情境下的增长幅度(图
6-9)。S1 情境下的径流深增加幅度要大于 S2 情境下的径流深增加幅度,也
更易发生雨洪,相对于 S1 情境,S2 情境更注重基本农田保护、严格控制建设
用地等要求,更强调采用水资源保护条例、海绵城市建设等理念进行土地利
用格局的优化。因此,在秦淮河流域未来城市建设过程中应注重基本农田保
护、水资源管理等。

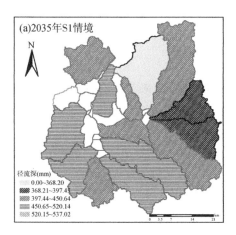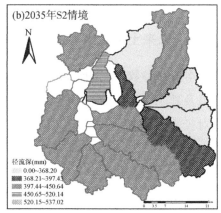

图 6-9　未来不同土地利用情境下的径流深分布图

6.2.2　未来土地利用变化情境对水环境的影响

本节在参数不变的情况下,选用"2.4　基于 CLUE-S 模型的未来土地利
用变化预测"中模拟的 2035 年两期不同的土地利用情境(2035 年 S1、2035 年
S2)及 1985—1999 年水文气象数据作为输入条件,模拟未来土地利用变化对
非点源污染的影响(表 6-3)。

表 6-3　未来土地利用情境下流域非点源污染负荷

非点源类型	年份	春	夏	秋	冬	年均
SED (万 t)	1995 年	7.941	6.111	1.083	1.597	16.732
	2035 年 S1	29.560	6.827	3.618	6.090	46.095
	2035 年 S2	18.599	8.809	2.341	4.091	33.840

非点源类型	年份	春	夏	秋	冬	年均
NH_4^+-N (t)	1995 年	293.268	357.101	69.496	16.014	735.879
	2035 年 S1	841.376	246.016	107.073	65.711	1260.176
	2035 年 S2	510.378	352.908	86.923	36.375	986.584
TP (t)	1995 年	241.469	323.738	49.577	19.200	633.984
	2035 年 S1	651.832	221.695	84.490	61.657	1019.674
	2035 年 S2	424.979	295.539	65.397	44.185	830.010

通过对 2 种不同情境下的土地利用的模拟发现:①与 1995 年的土地利用相比,2035 年 S1、2035 年 S2 两种土地利用情境下的泥沙流失量、铵盐负荷、总磷负荷大量增加,S1 情境下的增加值大于 S2 情境下的增加值;②与 1995 年的土地利用相比,2035 年 S1、2035 年 S2 两种土地利用情境下的总氮负荷是减少的,S1 情境下的减少值大于 S2 情境下的减少值。一方面,在秦淮河流域,耕地面积所占的比例较大,所产生的农业面源污染、土壤流失相对也较大;另一方面,农业用地和林地的大面积减少以及城镇用地的增加,说明人口流动和人口增多带来了城镇生活污染。

空间上,秦淮河流域在城市化的过程中,相较于 1995 年的土地利用情境,未来两种土地利用变化情境下子流域的泥沙流失变化具有一定的相似性和差异性:2035 年 S2 情境下子流域 3(210%)、子流域 7(131%)、子流域 17(208%)仍有增长;2035 年 S1 情境下子流域 3(288%)、子流域 7(211%)、子流域 17(477%)、子流域 28(18%)的泥沙流失量大于 2035 年 S2 情境下的泥沙流失量,同样的铵盐、总磷随着城市化进程的加快,污染负荷也相应地增加,2035 年 S1 情境产生的污染负荷大于 2035 年 S2 情境下的污染负荷(图 6-10)。相对于 S1 情境,S2 情境更注重基本农田保护、严格控制建设用地等要求,城市化进程下的土地利用更趋于合理性,污染负荷相对较少。

6.3 未来气候情境对水文和水环境的影响

本节在参数不变的情况下,用 1995 年的土地利用图及 2015—2050 年气象数据作为输入条件,模拟未来气候变化对水文水环境的影响(表 6-4)。较

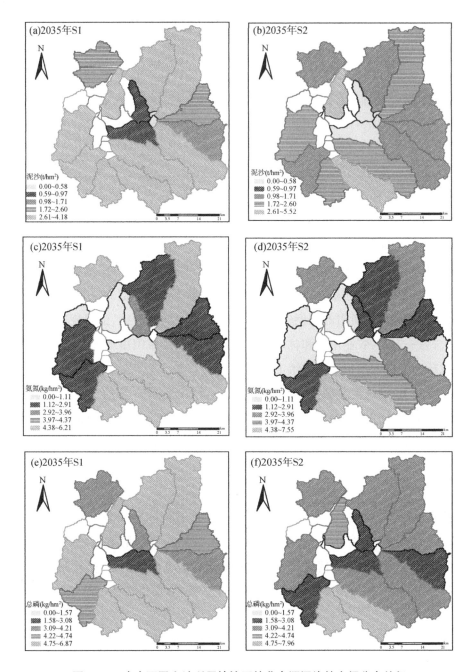

图 6-10　未来不同土地利用情境下的非点源污染的空间分布特征

基准期(1986—1999 年气象条件)而言,无论是 A2 还是 B2 情境下年均径流量都有所增加,B2 情境下的年均径流量略大于 A2 情境下的年均径流量,另外 B2 情境下径流的季节性差异小于 A2 情境下径流的季节性差异。理论上气温的增加会使得蒸发增加,在降雨不变的前提下径流就会减少,而降雨与径流却呈现正向变化,从这一点来看,在未来情境下降雨对秦淮河流域径流的影响要大于未来情境下气温带来的影响。而对于营养盐而言,TP 与 NH_4^+-N 浓度变化较复杂,总体呈减少趋势。刘梅等人认为 TP、NH_4^+-N 的迁移转化主要与降雨径流有关,降雨径流的增加会使得水量增加,在外界无大量污染物输入的前提下水中 TP 和 NH_4^+-N 的浓度就会降低。另外,未来气温增加会导致未来水温较目前高,高温增强了水中微生物的活性,使得自养微生物在有氧条件下将氨氮经亚硝氮氧化成硝氮(即硝化反应),使得氨氮浓度减小。

表 6-4 未来气候变化情境下的流域水文水环境变化特点

		春	夏	秋	冬	平均
B2	FLOW(亿 m³)	3.111	6.030	1.999	0.512	11.652
	SED(万 t)	8.138	3.512	1.626	2.463	15.739
	$NH_4^+-N(t)$	327.106	241.690	93.250	24.840	686.886
	TP(t)	252.668	187.475	68.233	29.615	537.991
A2	FLOW(亿 m³)	2.870	6.136	1.931	0.480	11.417
	SED(万 t)	8.453	3.360	2.034	2.788	16.635
	$NH_4^+-N(t)$	304.553	252.357	107.721	25.132	689.763
	TP(t)	236.153	189.782	71.332	29.448	526.715

6.4 未来环境变化对水文和水环境的影响

以 2015—2050 年的两种不同气候情境作为 SWAT 模型气象输入资料,以 2035 年两种不同情境下的土地利用数据作为输入条件,构建了四种不同情境下的径流变化情况。其中 A2 气候情境和 2035 年 S1 土地利用情境可缩写为 A2S1,B2 气候情境和 2035 年 S1 土地利用情境缩写为 B2S1,另外两种组合依次为 A2S2、B2S2。通过比较 A2S1 和 B2S1 或者 A2S2 和 B2S2 研究未来气候变化对径流的影响:B2 情境下年均径流略大于 A2 情境下的年均径流,但是 A2 情境下的夏季平均径流要大于 B2 情境下的夏季平均径流,而 A2 情境下的春季平均径流要小于 B2 情境下的春季平均径流。通过比较 A2S1 和 A2S2 或者 B2S1 和 B2S2 研究未来土地利用变化在未来气候情境下的变化情况:S1 情境下的年均径流要大于 S2 情境下的年均径流,并且 S1 情境下的夏季平均径流要大于 S2 情境下的夏季平均径流。总结这几种组合会发现,未来气候变化带来的影响要小于未来土地利用变化带来的影响。通过结合 6.2 节和 6.3 节的内容发现,同时考虑未来土地利用和气候变化时,径流的变化要大于分别考虑二者时带来的变化。未来环境变化情境下的水文水环境变化特点如表 6-5 所示。

表 6-5　未来环境变化情境下的水文水环境变化特点

情境	类型	春	夏	秋	冬	平均
A2S1	FLOW(亿 m³)	3.508	6.908	2.326	0.725	13.467
	SED(万 t)	26.054	5.020	7.622	10.742	49.438
	NH_4^+-N(t)	682.719	262.566	295.514	186.926	1 427.725
	TP(t)	544.786	167.203	176.212	123.571	1 011.772
A2S2	FLOW(亿 m³)	3.332	6.624	2.241	0.699	12.896
	SED(万 t)	16.874	3.986	4.937	6.947	32.744
	NH_4^+-N(t)	506.271	312.739	249.540	154.932	1 223.482
	TP(t)	389.525	202.491	136.765	87.870	816.651
B2S1	FLOW(亿 m³)	3.723	6.742	2.396	0.756	13.617
	SED(万 t)	24.494	4.381	5.739	9.886	44.500
	NH_4^+-N(t)	718.249	246.621	247.873	184.054	1 396.797
	TP(t)	584.642	153.969	149.148	123.040	1 010.799
B2S2	FLOW(亿 m³)	3.559	6.490	2.308	0.732	13.089
	SED(万 t)	16.190	3.862	3.839	6.436	30.327
	NH_4^+-N(t)	532.134	299.007	223.087	154.698	1 208.926
	TP(t)	417.754	193.590	123.515	88.993	823.852

通过比较 A2S1 和 A2S2 或者 B2S1 和 B2S2 研究未来土地利用变化在未来气候情境下的非点源污染,而 S1、S2 情境下产生的非点源污染变化特点与 "6.2 未来土地利用变化情境对水文和水环境的影响"研究结果类似,这里不再赘述。通过比较 A2S1 和 B2S1 或者 A2S2 和 B2S2 研究未来气候变化对非

点源污染的影响；B2 情境下总氮污染略大于 A2 情境下的总氮污染；B2 情境下泥沙流失量、铵盐污染负荷略小于 A2 情境下的泥沙流失量、铵盐污染负荷；对于总磷而言，在 S1 土地利用情境下，A2 和 B2 两种气候变化情境之间的差异性较小，而在 S2 土地利用情境下，B2 情境下总磷污染略大于 A2 情境下的总磷污染。结合前述 6.2 节和 6.3 节的内容发现，同径流一样未来气候变化带来的影响要小于未来土地利用变化带来的影响，并且当同时考虑未来土地利用和未来气候变化时，营养盐的变化与单独考虑土地利用变化时一样都是增加的，但单独考虑土地利用变化带来的影响要小于同时考虑两者带来的影响。

6.5 本章小结

基于 SDSM 模型建立 4 个气象监测站点的逐日实测气温、降雨与对应预报变量之间的统计关系以预测未来的气象因子。随后，将未来气象因子和未来土地利用与流域 SWAT 模型进行耦合，并利用耦合模型分析未来气候情境和未来土地利用情境下的水文和水环境变化特点，以及未来变化情境的综合叠加效应。主要结论如下：

（1）采用 SDSM 降尺度模型预测了 2015—2050 年不同排放情境下的降雨、气温数据。对降雨和气温数据的 SDSM 降尺度值进行了率定和验证，结果表明模型可较好地模拟预估流域内未来气温变化，而降水量的模拟与实测值的统计相关性较弱，这主要是由于降水变化的影响因子更为复杂并且受地区地形条件及气象条件等因素的影响。与 1962—2014 年的气温、降水量的变化趋势保持一致，在未来气候情境下年均气温、年均降雨量总体上仍呈现增加的趋势。

（2）秦淮河流域 2035 年不同情境下的土地利用变化仍表现出城镇用地的增加和其他用地的减少，两种情境下的径流、泥沙流失量、铵盐负荷、总磷负荷等仍呈现增加的趋势，但是"优化情境"下的土地扩张较"自然发展情境"下的土地扩张带来了较少的地表径流的增加和非点源污染。对于 2015—2050 年不同气候变化情境来说，两种气候情境下径流是增加的，两者之间的差异性不大，非点源污染总体上是减少的；未来气候变化和土地利用变化共同对径流和水环境的影响要大于二者之一带来的影响，并且通过比较之后发现，未来土地利用变化是流域径流和非点源污染变化的主要因素。

《《《 第7章

变化环境下的流域
保护对策

秦淮河流域城市化是导致土地利用结构转变的重要因素,再加之工业废水、城市生活污水、城市防洪排涝设施落后等影响,带来了流域地表径流增加、洪涝积水、河流生态系统破坏、水污染加剧等水问题。本章以此为背景,结合研究结果提出相应的流域保护对策。

7.1 污染物分区分类削减控制

7.1.1 不同污染区的污染特征与控制重点分析

高污染区的主要污染源为城市市政污水排放的有机污染(28.88%)和工业废水排放的氮磷污染(27.43%)。中污染区正在经历迅速的城市化过程,随着江宁开发区和秣陵街道内上市企业和世界 500 强企业的不断入驻及禄口街道内航空港的建设和发展,产业集群正在形成,人口迅速集聚,同时城乡生活污水、餐饮服务业和工业废水排放的有机污染(31.62%)和氮磷污染(27.25%)等也迅速增加。但污染区内污水处理能力并未跟上经济发展步伐,污水面临无处可去的问题,被迫进入雨水管道。江宁开发区和禄口街道内都存在黑臭河道,雨污合流加重了河道黑臭现象。中污染区水污染治理的首要任务在于污水处理厂的新建和扩建,以尽快解决污水的排放去处问题,推进雨污分流工程建设。而低污染区主要位于城乡过渡带和农村地区,其污染源主要为城乡生活污水和农村生活垃圾(28.79%)、农业面源污染(24.3%),这与湖熟街道人工委的水环境污染治理工作的调研报告结果一致。随着湖熟街道内工业园区的发展,此区域也面临污水处理能力不足和雨污合流的困境。低污染区的治理重点应在农村面源污染,应加快集中式污水收集处理系统的建设和运行管理。

城市化水平较高的高污染区主要受生活污水及商服业废水(28.88%)和工业废水(27.43%)的影响,此区控制重点在生活污水、商服业污水和工业废水的收集和处理。城市化进程较快的中污染区主要受城乡生活废水及商服业污水(31.62%)、工业废水(27.25%)和内源污染(24.76%)的影响,此区应新建和扩建污水处理厂以解决污水出路问题。城市化水平较低的低污染区主要受农村生活污水及生活垃圾(28.79%)和农业非点源污染(24.3%)的影响,此区控制重点在农村面源污染和集中式污水收集处理系统的建设。

7.1.2 秦淮河流域污染物的分区分类控制策略

综合来看,若使秦淮河流域的入河污染物控制在纳污能力范围内,需要严格控制面源污染、工业废水污染、生活污染的产生和排放。

1. 以农田径流与畜禽养殖为主的面源污染控制

在第3章、第5章以及第6章的研究中,可知随着城市化进程的推进,秦淮河流域的非点源污染越来越严重,在整个秦淮河流域面源引起的污染负荷高于点源污染负荷。秦淮河流域中上游特别是溧水河与句容河两岸集聚了传统农业与现代农业,氮磷流失风险较高,是农业面源污染重点控制区域,而在秦淮河流域的中下游面源污染则以降雨冲刷携带污染物入河产生的城市径流面源污染负荷为主。对于秦淮河中下游的城市径流面源,需重点开展雨水排口的升级改造,采取雨污水深度截流措施,建设拦水蓄水塘或者雨水调节池,将其所有雨水纳入城市雨水管网;还可通过对现有硬质护岸进行改造,建设生态护岸;另外,初期雨水冲刷带来的面源污染也较为严重,可借鉴海绵城市建设中的下沉式绿地、绿色屋顶、植被缓冲带、初期雨水弃流设施与处理等消解和截留初期雨水带来的城市面源污染。依据江苏省水文水资源勘测局发布的《南京市水资源保护规划(2016—2020)》,对于秦淮河中上游的面源污染控制主要采取河岸植被缓冲带建设措施和畜禽养殖治理措施。

2. 以入河排污口整治和节能减排为重点,加强工业废水防治

由于缺乏统一的科学规划、指导和有效管理,秦淮河流域内排污口的设置存在一定的盲目性与随意性,因此,根据水功能区要求和水功能区的入河控制方案,结合污水处理设施建设,建议对流域内的排污口做如下的调整和整治:对沿河水泵站进行污水截流后入管网,进入污水处理厂处理达标后集中排放,排放废水回用率不低于25%;秦淮河上游区域严禁开办新的污染型工业企业,提高项目审批门槛,新进企业排水尽可能与城市排水管网对接,最大限度地减少沿河直接排污口数量;加强排污口水质检测,对秦淮河上、中、下游的工业污水处理厂实施生态净化措施;对排涝站实施雨污分流措施。

3. 完善城市污水处理设施,削减生活污染

张茜等认为内外秦淮河的污染源以城镇生活污染源为主,在第 3 章的研究中可知随着城市人口的增加,城镇生活污染也越来越严重。削减城镇生活污染源的根本途径是完善污水处理系统,集中处理废水和建设截流治污设施。完善江宁区、溧水区、句容市、南京市区的污水处理系统和污水收集输送系统;考虑到秦淮河流域的新农村建设规划,应在居民集中居住区同步规划和建设生活污水处理设施;污水管的建设应因地制宜、分门别类,在城市主次道路下建设污水管道,形成污水主次干管网。除此之外,还要合理布局截流治污设施,提高污水收集处理率:对江宁区、溧水区、南京市区、句容市污水厂的尾水进行生态净化处理,通过建设生态沟渠、净水塘坑、跌水复氧、人工湿地等措施,形成过渡带,进一步减少尾水对秦淮河水质的影响;对合流制或接管混乱的建成区进行逐步改造,新建项目须严格按照雨污分流的排水体制铺设管道;按汇水片区,逐一对片区进行彻底改造,从源头上进行雨污分流,并配以河道清淤、景观、引水补水等实施内容。

7.2 引调水工程的分区活水策略

水环境改善的根本措施是治理污染源。在污染源未得到彻底治理前,利用现有水利工程设施、采取合理调度方案,既可改善水环境状况,又可起到一定的防汛抗旱作用。

(1)内外秦淮河调水:外秦淮河调水措施的引水路线是"长江—秦淮新河—外秦淮河—长江",调水措施从 2005 年启动至今,发挥了很大的社会、经济、水生态效益。但随着时间的推移,秦淮新河水利枢纽存在装机容量不够、难以保证现阶段调水水量等问题。应对秦淮新河闸进行改造维修,提升泵站功率,在必要时加大调水流量。

(2)溧水区域水循环措施:溧水区域位于丘陵山区,地形复杂,农业面积所占比例较大,枯水期上游来水较少,通过蓄水措施建设,可解决枯水期的蓄水问题,但是易造成水体流动不畅,水质恶化严重,而汛期面源污染又较严重。随着城市化进程的推进,为改善城区水环境,同时缓解中山水库水源地水源水生态压力,可实施建设溧水区的水循环措施:从石臼湖经中山水库、金

毕河、陈沛河上游、城区河道,再经一干河、天生桥河流入石臼湖。

（3）秦淮东河活水措施:随着城市城区范围不断拓展,秦淮河下游已成为城区河道,由于开发占用、部分断面缩窄,行洪能力严重不足,不能满足流域泄洪要求,威胁城市防洪安全。同时,南京市东部九乡河及七乡河局部河段水质呈恶化趋势。为分流秦淮河下游洪水,减轻南京市主城区洪水压力,改善城东地区水环境,规划建设秦淮东河调水措施,沿运粮河开挖秦淮东河,分泄流量为 $250\sim300\ \mathrm{m^3/s}$,引秦淮河水分别通过九乡河、七乡河入江,分泄秦淮河流域洪水。

7.3 土地利用优化的路径分析

土地是实现海绵城市的载体,在海绵城市建设中土地利用格局的调整是至关重要的。结合第 2 章的研究内容,本书在土地利用方面的建议主要涉及以下几个方面:

（1）对闲置土地实施复垦或者加快开发建设。通过实地走访调查发现 2005 年大量的土地被征收用于开发建设,但因受到政策或外部其他因素的影响建设中途被中断,这部分处于半开发状态的土地不能再用于耕地,也不能建设,土地便被闲置起来。土地闲置导致被征农民补偿不到位,又失去了赖以为生的土地,不利于节约土地。应从法律和征收土地税费两方面,对土地闲置者实施重罚或者重裁。另外建议采用多途径充分利用闲置土地:一是鼓励农民重新开垦闲置土地,待开发成熟时再返还,可种植瓜果蔬菜、大豆、玉米等一年生经济作物或者粮食作物,既减轻了农民负担,又利用了土地;二是将闲置土地开垦为绿地,可增加城市绿化面积,净化空气,前期绿化会一定程度上美化地产公司形象,也会提高后期开发楼盘的销售率。

（2）以建设用地和农业用地为主的优化布局。在未来土地利用预测及其带来的水文水环境影响中可知优化情境下的土地利用格局带来了较少的径流增加和非点源污染。因此,在未来城市扩张中,除了限制建设用地的增加,保护基本农田、加强保护性生态用地建设外,还应充分发挥土地的自然功能,利用土地的固有属性,对降雨进行"渗、滞、蓄、净、用、排"等处理,尽可能将雨水消纳在场地内部。而合理布局城市中的绿色空间、水系、林网等土地资源,既可将其作为良好的雨水滞蓄空间,又提高了生态用地的通透性以及缓解了城市热岛效应。在土地的空间布局结构上,在建设用地内部增加绿地空间,可以提高雨水的下渗能力。另外,研究还发现如果以现有趋势扩张,分散的乡镇用地也会扩张,但是过于分散,对于分散的乡镇用地可以进行归并,既方便管理、有利于发展,又节约集约了土地。

参考文献

［ 1 ］Abdulla F, Eshtawi T, Assaf H. Assessment of the impact of potential climate change on the water balance of a semi-arid watershed[J]. Water Resources Management, 2009, 23(10):2051-2068.

［ 2 ］Akbal F, Gürel L, Bahadr T, et al. Multivariate statistical techniques for the assessment of surface water quality at the Mid-Black Sea Coast of Turkey[J]. Water, Air, and Soil Pollution, 2011, 216(1-4): 21-37.

［ 3 ］Antrop M. Landscape change and the urbanization process in Europe[J]. Landscape and Urban Planning, 2004, 67(1-4): 9-26.

［ 4 ］Arnold J G, Williams J R, Maidment D R. Continuous-time water and sediment-routing model for large basins[J]. Journal of Hydraulic Engineering, 1995, 121(2): 171-183.

［ 5 ］Arnold J G, Williams J R, Nicks A D, et al. SWRRB: a basin scale simulation model for soil and water resources management[J]. Journal of Environmental Quality, 1991, 20(1):309.

［ 6 ］Astaraie-Imani M, Kapelan Z, Fu G, et al. Assessing the combined effects of urbanization and climate change on the river water quality in an integrated urban wastewater system in the UK[J]. Journal of Environmental Management, 2012, 112(24): 1-9.

［ 7 ］Beighley R E, Melack J M, Dunne T. Impacts of California's climatic regimes and coastal land use change on streamflow characteristics[J]. Journal of the American Water Resources Association, 2003, 39(6): 1419-1433.

［ 8 ］Boggie M A, Mannan R W. Examining seasonal patterns of space use to gauge how an accipiter responds to urbanization[J]. Landscape and Urban Planning, 2014, 124: 34-42.

［ 9 ］Brun S E, Band L E. Simulating runoff behavior in an urbanizing watershed[J]. Computers, Environment and Urban Systems, 2000, 24(1): 5-22.

［10］Bu H, Meng W, Zhang Y, et al. Relationships between land use patterns and water quality in the Taizi River basin, China[J]. Ecological Indicators, 2014, 41(3): 187-197.

[11] Bu H, Tan X, Li S, et al. Temporal and spatial variations of water quality in the Jinshui River of the South Qinling Mts. , China[J]. Ecotoxicology and Environmental Safety, 2010, 73(5): 907-913.

[12] Chang H. Basin hydrologic response to changes in climate and land use: the Conestoga River Basin, Pennsylvania[J]. Physical Geography, 2003, 24(3): 222-247.

[13] Choi W, Deal B M. Assessing hydrological impact of potential land use change through hydrological and land use change modeling for the Kishwaukee River Basin (USA)[J]. Journal of Environmental Management, 2008, 88(4):1119-1130.

[14] Dietz M E, Clausen J C. Stormwater runoff and export changes with development in a traditional and low impact subdivision[J]. Journal of Environmental Management, 2008, 87(4): 560-566.

[15] Dougherty M, Dymond R L, Goetz S J, et al. Evaluation of impervious surface estimates in a rapidly urbanizing watershed[J]. Photogrammetric Engineering and Remote Sensing, 2004, 70(11): 1275-1284.

[16] Du J, Qian L, Rui H, et al. Assessing the effects of urbanization on annual runoff and flood events using an integrated hydrological modeling system for Qinhuai River basin, China[J]. Journal of Hydrology, 2012, 464(5): 127-139.

[17] Erickson T O, Stefan H G. Natural groundwater recharge response to urbanization: Vermillion River Watershed, Minnesota[J]. Journal of Water Resources Planning and Management, 2009, 135(6): 512-520.

[18] Fornarelli R, Antenucci J P. The impact of transfers on water quality and the disturbance regime in a reservoir[J]. Water Research, 2011, 45(18): 5873-5885.

[19] Gburek W J, Folmar G J. Flow and chemical contributions to streamflow in an upland watershed: a baseflow survey[J]. Journal of Hydrology, 1999, 217(1): 1-18.

[20] Gibbins C N, Jeffries M J, Soulsby C. Impacts of an inter-basin water transfer: distribution and abundance of Micronecta poweri (Insecta: Corixidae) in the River Wear, north-east England[J]. Aquatic Conservation: Marine and Freshwater Ecosystems, 2000, 10(2): 103-115.

[21] Githui F, Gitau W, Mutua F, et al. Climate change impact on SWAT simulated streamflow in western Kenya[J]. International Journal of Climatology: A Journal

of the Royal Meteorological Society，2009，29(12)：1823-1834.

［22］Griensven A V，Meixner T，Grunwald S，et al. A global sensitivity analysis tool for the parameters of multi-variable catchment models［J］. Journal of Hydrology，2006，324(1-4)：10-23.

［23］Gu C L，Hu L Q，Zhang X M，et al. Climate change and urbanization in the Yangtze River Delta［J］. Habitat International，2011，35(4)：544-552.

［24］Guo H，Hu Q，Zhang Q，et al. Effects of the three gorges dam on Yangtze river flow and river interaction with Poyang Lake，China：2003-2008［J］. Journal of Hydrology，2012，416(2)：19-27.

［25］Haase D. Effects of urbanization on the water balance—A long-term trajectory［J］. Environmental Impact Assessment Review，2009，29(4)：211-219.

［26］Haidary A，Amiri B J，Adamowski J，et al. Assessing the impacts of four land use types on the water quality of wetlands in Japan［J］. Water Resource Management，2013，27：2217-2229.

［27］He H，Zhou J，Wu Y，et al. Modelling the response of surface water quality to the urbanization in Xi'an，China［J］. Journal of Environmental Management，2008，86(4)：731-749.

［28］Holvoet K，Griensven A V，Seuntjens P，et al. Sensitivity analysis for hydrology and pesticide supply towards the river in SWAT［J］. Physics and Chemistry of the Earth，2005，30(8-10)：518-526.

［29］Hu L，Hu W，Zhai S，et al. Effects on water quality following water transfer in Lake Taihu，China［J］. Ecological Engineering，2010，36(4)：471-481.

［30］Hu W，Zhai S，Zhu Z，et al. Impacts of the Yangtze River water transfer on the restoration of Lake Taihu［J］. Ecological Engineering，2008，34(1)：30-49.

［31］Huang F，Wang X，Lou L，et al. Spatial variation and source apportionment of water pollution in Qiantang River (China) using statistical techniques［J］. Water Research，2010，44(5)：1562-1572.

［32］Boyacioglu H，Boyacioglu H. Water pollution sources assessment by multivariate statistical methods in the Tahtali Basin，Turkey［J］. Environmental Geology，2008，54(2)：275-282.

［33］Igbp H. Land-use and land-cover change：science/research plan［J］. IGBP Report，1995，35：113-140.

[34] Jennings D B, Jarnagin S T. Changes in anthropogenic impervious surfaces, precipitation and daily streamflow discharge: a historical perspective in a mid-Atlantic subwatershed[J]. Landscape Ecology, 2002, 17(5): 471-489.

[35] Kang J H, Lee S W, Cho K H, et al. Linking land-use type and stream water quality using spatial data of fecal indicator bacteria and heavy metals in the Yeongsan river basin[J]. Water Research, 2010, 44(14): 4143-4157.

[36] Kazi T G, Arain M B, Jamali M K, et al. Assessment of water quality of polluted lake using multivariate statistical techniques: a case study[J]. Ecotoxicology and Environmental Safe, 2009, 72(2): 301-309.

[37] Kibena J, Nhapi I, Gumindoga W. Assessing the relationship between water quality parameters and changes in landuse patterns in the Upper Manyame River, Zimbabwe [J]. Physics and Chemistry of the Earth, Parts A/B/C, 2014, 67:153-163.

[38] Kim Y, Engel B A, Lim K J, et al. Runoff impacts of land-use change in Indian River Lagoon watershed [J]. Journal of Hydrologic Engineering, 2002, 7(3): 245-251.

[39] Knisel W G. CREAMS: A field scale model for chemicals, runoff and erosion from agricultural management systems [M]. Department of Agriculture, Science and Education Administration, 1980.

[40] Kondoh A, Nishiyama J. Changes in hydrological cycle due to urbanization in the suburb of Tokyo Metropolitan Area, Japan[J]. Advances in Space Research, 2000, 26(7): 1173-1176.

[41] Lankao P R. Are we missing the point? Particularities of urbanization, sustainability and carbon emissions in Latin American cities[J]. Environment and Urbanization, 2007, 19(1): 159-175.

[42] Li X Y, Ma Y J, Xu H Y, et al. Impact of land use and land cover change on environmental degradation in Lake Qinghai Watershed, northeast Qinghai-Tibet Plateau [J]. Land Degradation and Development, 2010, 20(1): 69-83.

[43] Li Y P, Acharya K, Yu Z B. Modeling impacts of Yangtze River water transfer on water ages in Lake Taihu, China [J]. Ecological Engineering, 2011, 37 (2): 325-334.

[44] Li Y P, Tang C Y, Wang C, et al. Assessing and modeling impacts of different inter-basin water transfer routes on Lake Taihu and the Yangtze River, China[J].

Ecological Engineering, 2013, 60: 399-413.

[45] Liu C W, Lin K H, Kuo Y M. Application of factor analysis in the assessment of groundwater quality in a blackfoot disease area in Taiwan[J]. Science of the Total Environment, 2003, 313(1-3): 77-89.

[46] Liu Y B, Chen Y N. Impact of population growth and land-use change on water resources and ecosystems of the arid Tarim River Basin in Western China[J]. International Journal of Sustainable Development and World Ecology, 2006, 13(4): 295-305.

[47] Lu P, Mei K, Zhang Y, et al. Spatial and temporal variations of nitrogen pollution in Wen-Rui Tang River watershed, Zhejiang, China[J]. Environmental Monitoring and Assessment, 2011, 180(1-4): 501-520.

[48] Luo Y, Ficklin D L, Liu X, et al. Assessment of climate change impacts on hydrology and water quality with a watershed modeling approach[J]. Science of the Total Environment, 2013, 450(16): 72-82.

[49] Ma X X, Shang X, Wang L C, et al. Innovative approach for the development of a water quality identification index—a case study from the Wen-Rui Tang River watershed, China[J]. Desalination and Water Treatment, 2015, 55(5): 1400-1410.

[50] Ma X X, Wang L C, Ma L, et al. Effects on sediments following water-sediment regulations in the Lixia River watershed, China[J]. Quaternary International, 2015, 380:334-341.

[51] Ma X X, Wang L C, Wu H, et al. Impact of Yangtze River water transfer on the water quality of the Lixia River watershed, China[J]. PloS One, 2015, 10(4): 1-16.

[52] Ma X X, Wang L C, Yang H, et al. Spatiotemporal analysis of water quality using multivariate statistical techniques and the water quality identification index for the Qinhuai River Basin, East China[J]. Water, 2020, 12(10): 2764.

[53] McKay M D, Beckman R J, Conover W J. A comparison of three methods for selecting values of input variables in the analysis of output from a computer code[J]. Technometrics, 2000, 42(1): 55-61.

[54] McNeill J, Alves D, Arizpe L, et al. Toward a typology and regionalization of land-cover and land-use change: report of working group B[J]. Changes in Land Use and Land Cover: A Global Perspective, 1994, 4: 55-71.

[55] Mejia A I, Moglen G E. Impact of the spatial distribution of imperviousness on the hydrologic response of an urbanizing basin[J]. Hydrological Processes, 2010, 24(23): 3359-3373.

[56] Mimikou M A, Baltas E, Varanou E, et al. Regional impacts of climate change on water resources quantity and quality indicators[J]. Journal of Hydrology, 2000, 234(1): 95-109.

[57] Mir R A, Gani K M. Water quality evaluation of the upper stretch of the river Jhelum using multivariate statistical techniques[J]. Arabian Journal of Geosciences, 2019, 12(14): 445.

[58] Monteiro-Júnior C S, Juen L, Hamada N. Effects of urbanization on stream habitats and associated adult dragonfly and damselfly communities in central Brazilian Amazonia[J]. Landscape and Urban Planning, 2014, 127: 28-40.

[59] Nakayama T, Shankman D. Impact of the Three-Gorges Dam and water transfer project on Changjiang floods[J]. Global and Planetary Change, 2013, 100(1): 38-50.

[60] Olang L O, Fürst J. Effects of land cover change on flood peak discharge and runoff volumes: model estimates for the Nyando River Basin, Kenya[J]. Hydrological Processes, 2011, 25(1): 80-89.

[61] Paatero P, Tapper U. Positive matrix factorization: A non-negative factor model with optimal utilization of error estimates of data values[J]. Environmetrics, 1994, 5(2):111-126.

[62] Parnell A C, Phillips D L, Bearhop S, et al. Bayesian stable isotope mixing models [J]. Environmetrics, 2013, 24(6):387-399.

[63] Petts G E. Impounded rivers: perspectives for ecological management [M]. Wiley, 1984.

[64] Pontius R G, Schneider L C. Land-cover change model validation by an ROC method for the Ipswich watershed, Massachusetts, USA[J]. Agriculture Ecosystems and Environment, 2001, 85(1-3):239-248.

[65] Rim C S. The effects of urbanization, geographical and topographical conditions on reference evapotranspiration[J]. Climatic Change, 2009, 97(3-4): 483-514.

[66] Sala O E, Stuart C F, Armesto J J, et al. Global biodiversity scenarios for the year 2100[J]. Science, 2000, 287(5459): 1770-1774.

［67］Scalenghe R，Marsan F A. The anthropogenic sealing of soils in urban areas［J］. Landscape and Urban Planning，2009，90(1-2)：1-10.

［68］Schueler T. The importance of imperviousness［J］. Watershed Protection Techniques，1994，1(3)：100-111.

［69］Semadeni-Davies A，Hernebring C，Svensson G，et al. The impacts of climate change and urbanization on drainage in Helsingborg，Sweden：Combined sewer system［J］. Journal of Hydrology，2008，350(1-2)：100-113.

［70］Semadeni-Davies A，Hernebring C，Svensson G，et al. The impacts of climate change and urbanization on drainage in Helsingborg，Sweden：Suburban stormwater［J］. Journal of Hydrology，2008，350(1-2)：114-125.

［71］Shankman D，Keim B D，Song J. Flood frequency in China's Poyang Lake region：trends and teleconnections［J］. International Journal of Climatology，2006，26(9)：1255-1266.

［72］Shrestha S，Kazama F. Assessment of surface water quality using multivariate statistical techniques：A case study of the Fuji river basin，Japan［J］. Environmental Modelling and Software，2007，22(4)：464-475.

［73］Singh E J K，Gupta A，Singh N R. Groundwater quality in Imphal West district，Manipur，India，with multivariate statistical analysis of data［J］. Environmental Science and Pollution Research，2013，20(4)：2421-2434.

［74］Singh H，Singh D，Singh S K，et al. Assessment of river water quality and ecological diversity through multivariate statistical techniques，and earth observation dataset of rivers Ghaghara and Gandak，India［J］. International Journal of River Basin Management，2017，15(3)：347-360.

［75］Singh K P，Malik A，Sinha S. Water quality assessment and apportionment of pollution sources of Gomti river (India) using multivariate statistical techniques—a case study［J］. Analytica Chimica Acta，2005，538(1-2)：355-374.

［76］Soulsby C，Gibbons C N，Robins T. Inter-basin water transfers and drought management in the Kielder/Derwent System［J］. Water and Environment Journal，1999，13(3)：213-223.

［77］Sterling S M，Ducharne A，Polcher J. The impact of global land-cover change on the terrestrial water cycle［J］. Nature Climate Change，2013，3(4)：385-390.

［78］Su S，Zhi J，Lou L，et al. Spatio-temporal patterns and source apportionment of pollution in Qiantang River (China) using neural-based modeling and multivariate statistical techniques[J]. Physics and Chemistry of the Earth, Parts A/B/C, 2011, 36(9-11): 379-386.

[79] Sun R, Wang Z, Chen L, et al. Assessment of surface water quality at large watershed scale: Land-use, anthropogenic, and administrative impacts[J]. Journal of the American Water Resources Association, 2013, 49(4): 741-752.

[80] Taghvaee S, Sowlat M H, Mousavi A, et al. Source apportionment of ambient $PM_{2.5}$ in two locations in central Tehran using the Positive Matrix Factorization (PMF) model[J]. Science of the Total Environment, 2018, 628(8): 672-686.

[81] Tong S T Y, Chen W. Modeling the relationship between land use and surface water quality[J]. Journal of Environmental Management, 2002, 66(4):377-393.

[82] Tong S T Y, Sun Y, Ranatunga T, et al. Predicting plausible impacts of sets of climate and land use change scenarios on water resources[J]. Applied Geography, 2012, 32(2): 477-489.

[83] Tong S T Y. The hydrologic effects of urban land use: a case study of the Little Miami River Basin[J]. Landscape and Urban Planning, 1990, 19(1): 99-105.

[84] Tran C P, Bode R W, Smith A J, et al. Land-use proximity as a basis for assessing stream water quality in New York State (USA) [J]. Ecological Indicators, 2010, 10(3):727-733.

[85] Tu J. Combined impact of climate and land use changes on streamflow and water quality in eastern Massachusetts, USA[J]. Journal of Hydrology, 2009, 379(3): 268-283.

[86] Tu J. Spatially varying relationships between land use and water quality across an urbanization gradient explored by geographically weighted regression[J]. Applied Geography, 2011, 31(1):376-392.

[87] Valeo C, Moin S M A. Variable source area modelling in urbanizing watersheds[J]. Journal of Hydrology, 2000, 228(1): 68-81.

[88] Verbeiren B, Van de Voorde T, Canters F, et al. Assessing urbanization effects on rainfall-runoff using a remote sensing supported modelling strategy[J]. International Journal of Applied Earth Observation and Geoinformation, 2013, 21(4): 92-102.

[89] Verburg P H, Soepboer W, Veldkamp A, et al. Modeling the spatial dynamics of regional land use: the CLUE-S model[J]. Environmental Management, 2002,

30(3):391-405.

[90] Vo P L. Urbanization and water management in Ho Chi Minh City, Vietnam issues, challenges and perspectives[J]. GeoJournal, 2007, 70(1): 75-89.

[91] Vorosmarty C J, Green P, Salisbury J, et al. Global water resources: vulnerability from climate change and population growth [J]. Science, 2000, 289 (5477): 284-288.

[92] Wan R, Cai S, Li H, et al. Inferring land use and land cover impact on stream water quality using a Bayesian hierarchical modeling approach in the Xitiaoxi River Watershed, China[J]. Journal of Environmental Management, 2014, 133: 1-11.

[93] Wang J, Da L, Song K, et al. Temporal variations of surface water quality in urban, suburban and rural areas during rapid urbanization in Shanghai, China[J]. Environmental Pollution, 2008, 152(2): 387-393.

[94] White M D, Greer K A. The effects of watershed urbanization on the stream hydrology and riparian vegetation of Los Penasquitos Creek, California[J]. Landscape and Urban Planning, 2006, 74(2): 125-138.

[95] Wilby R L, Hay L E, Leavesley G H. A comparison of downscaled and raw GCM output: implications for climate change scenarios in the San Juan River basin, Colorado[J]. Journal of Hydrology, 1999, 225(1-2): 67-91.

[96] Wilby R L, Tomlinson O J, Dawson C W. Multi-site simulation of precipitation by conditional resampling[J]. Climate Research, 2003, 23(3): 183-194.

[97] Wilby R L, Whitehead P G, Wade A J, et al. Integrated modelling of climate change impacts on water resources and quality in a lowland catchment: River Kennet, UK[J]. Journal of Hydrology, 2006, 330(1-2): 204-220.

[98] Williams J R, Jones A C, Dyke T P. A modeling approach to determining the relationship between erosion and soil productivity[J]. Transactions of the ASAE, 1984, 27(1):129-144.

[99] Williams M, Hopkinson C, Rastetter E, et al. Relationships of land use and stream solute concentrations in the Ipswich River basin, northeastern Massachusetts[J]. Water, Air, and Soil Pollution, 2005, 161(1-4): 55-74.

[100] Wilson C O, Weng Q. Simulating the impacts of future land use and climate changes on surface water quality in the Des Plaines River watershed, Chicago Metropolitan Statistical Area, Illinois[J]. Science of the Total Environment, 2011, 409(20):

4387-4405.

[101] Yang Y H, Zhou F, Guo H C, et al. Analysis of spatial and temporal water pollution patterns in Lake Dianchi using multivariate statistical methods[J]. Environmental Monitoring and Assessment, 2010, 170(1-4): 407-416.

[102] Yang Y Y, Toor G S. δ^{15}N and δ^{18}O reveal the sources of nitrate-nitrogen in urban residential stormwater runoff [J]. Environmental Science and Technology, 2016, 50(6):2881-2889.

[103] Yang Z S, Wang H J, Saito Y, et al. Dam impacts on the Changjiang (Yangtze) River sediment discharge to the sea: The past 55 years and after the Three Gorges Dam[J]. Water Resources Research, 2006, 42(4): 501-517.

[104] Yi Y, Wang Z, Yang Z. Impact of the Gezhouba and Three Gorges Dams on habitat suitability of carps in the Yangtze River[J]. Journal of Hydrology, 2010, 387(3-4): 283-291.

[105] Yin Z Y, Walcott S, Kaplan B, et al. An analysis of the relationship between spatial patterns of water quality and urban development in Shanghai, China[J]. Computers, Environment and Urban Systems, 2005, 29(2): 197-221.

[106] Yu D Y, Shi P J, Liu Y P, et al. Detecting land use-water quality relationships from the viewpoint of ecological restoration in an urban area[J]. Ecological Engineering, 2013, 53(3): 205-216.

[107] Yu W H, Zang S Y, Wu C S, et al. Analyzing and modeling land use land cover change(LUCC)in the Daqing City, China[J]. Applied Geography, 2011, 31(2): 600-608.

[108] Zhai S J, Hu W P, Zhu Z C. Ecological impacts of water transfers on Lake Taihu from the Yangtze River, China[J]. Ecological Engineering, 2010, 36(4): 406-420.

[109] Zhang H, Huang G H, Wang D, et al. Uncertainty assessment of climate change impacts on the hydrology of small prairie wetlands[J]. Journal of Hydrology, 2011, 396(1-2): 94-103.

[110] Zhang X Y, Sui Y Y, Zhang X D, et al. Spatial variability of nutrient properties in black soil of Northeast China [J]. Pedosphere, 2007, 17(1):19-29.

[111] Zhang Y, Shi P, Li F, et al. Quantification of nitrate sources and fates in rivers in an irrigated agricultural area using environmental isotopes and a Bayesian isotope mixing model[J]. Chemosphere, 2018, 208: 493-501.

[112] Zhao J, Lin L, Yang K, et al. Influences of land use on water quality in a reticular river network area: A case study in Shanghai, China[J]. Landscape and Urban Planning, 2015, 137: 20-29.

[113] Zheng H W, Shen G Q, Wang H, et al. Simulating land use change in urban renewal areas: A case study in Hong Kong[J]. Habitat International, 2015, 46: 23-34.

[114] Zhou F, Huang G, Guo H, et al. Spatio-temporal patterns and source apportionment of coastal water pollution in eastern Hong Kong[J]. Water Research, 2007, 41 (15):3429-3439.

[115] Zhou L H. Effect of bottom sludge releasing in the Waiqinhuai River to the quality of upper water[J]. The Administration and Technique of Environmental Monitoring, 2003,15(5):41-42.

[116] 蔡运龙. 土地利用/土地覆被变化研究:寻求新的综合途径[J]. 地理研究,2001, 20(6): 645-652.

[117] 陈爱莲,孙然好,陈利顶. 基于景观格局的城市热岛研究进展[J]. 生态学报, 2012, 32(14): 4553-4565.

[118] 陈诗文,袁旭音,金晶,等. 西苕溪支流河口水体营养盐的特征及源贡献分析[J]. 环境科学,2016, 37(11): 4179-4186.

[119] 邓欧平. 基于 ArcSWAT 的流域氮素非点源污染模拟和污染源识别[D]. 杭州:浙江大学,2012.

[120] 方晓波,骆林平,李松,等. 钱塘江兰溪段地表水质季节变化特征及源解析[J]. 环境科学学报,2013, 33(7): 1980-1988.

[121] 方玉杰. 基于 SWAT 模型的赣江流域水环境模拟及总量控制研究[D]. 南昌:南昌大学,2015.

[122] 付传城,王文勇,潘剑君,等. 城乡结合带土壤重金属时空变异特征与源解析——以南京市柘塘镇为例[J]. 土壤学报,2014, 51(5):1066-1077.

[123] 顾梦娜,潘月鹏,何月欣,等.稳定同位素模型解析大气氨来源的参数敏感性[J]. 环境科学,2020,41(7):3095-3101.

[124] 郭延凤. 基于 CLUE 模型的江西省土地利用变化及其对水源涵养服务的影响[D]. 芜湖:安徽师范大学,2011.

[125] 韩丽. 流域土地利用变化及水文效应研究[D]. 南京:河海大学,2007.

[126] 胡和兵. 城市化背景下流域土地利用变化及其对河流水质影响研究[D]. 南京:南

京师范大学,2013.

[127] 湖熟街道人大工委. 关于湖熟街道水环境污染治理工作的调研报告[EB/OL]. (2018-12-03)[2020-08-26]. http：//www. njjnrd. gov. cn/gzyj/281101. htm.

[128] 黄金良,黄亚玲,李青生,等. 流域水质时空分布特征及其影响因素初析[J]. 环境科学,2012,33(4)：1098-1107.

[129] 江宁开发区人大工委. 关于江宁开发区水环境污染治理情况的调研报告[EB/OL]. (2018-10-27)[2020-8-26]. http：//www. njjnrd. gov. cn/gzyj/280828. htm.

[130] 江苏省秦淮河水利工程管理处,江苏省水利科学研究院. 改善秦淮河水环境的优化调度方案研究[R]. 南京：江苏省秦淮河水利工程管理处和江苏省水利科学研究院,2013.

[131] 江苏省水文水资源勘测局. 南京市水资源保护规划(2016—2020)[R]. 南京：江苏省水文水资源勘测局,2015.

[132] 解莹,李叙勇,王慧亮,等. 滦河流域上游地区主要河流水污染特征及评价[J]. 环境科学学报,2012,32(3)：645-653.

[133] 句容市人民政府办公室. 句容市 2019—2020 年突出环境问题清单[EB/OL]. (2019-01-30)[2020-08-26]. http：//www. jurong. gov. cn/jurong/tzgg/201901/9925bc64bfbe4552af084112a9027b38. shtml.

[134] 康萍萍. 滨海地下水氮的同位素溯源及其源贡献率研究[D]. 大连：大连理工大学,2016.

[135] 李彩丽. 秦淮河流域不透水面提取及其水文效应研究[D]. 南京：南京大学,2011.

[136] 李传哲,于福亮,刘佳,等. 近 20 年来黑河干流中游地区土地利用/覆被变化及驱动力定量研究[J]. 自然资源学报,2011,26(3)：353-363.

[137] 李冬林,金雅琴,张纪林,等. 秦淮河河岸带典型区域土壤重金属污染分析与评价[J]. 浙江林学院学报,2008,25(2)：228-234.

[138] 李倩. 秦淮河流域城市化空间格局变化及其水文效应[D]. 南京：南京大学,2012.

[139] 李闻. 基于 CLUE-S 模型的土地利用模拟研究[D]. 南京：南京师范大学,2011.

[140] 李希灿,刁海亭,王静,等. 中国区域土地利用需求量预测方法研究进展[J]. 山东农业大学学报：自然科学版,2009,40(4)：655-658.

[141] 李晓兵. 国际土地利用-土地覆盖变化的环境影响研究[J]. 地球科学进展,1999,14(4)：395-400.

[142] 李义禄,张玉虎,贾海峰,等. 苏州古城区水体污染时空分异特征及污染源解析[J]. 环境科学学报,2014,34(4)：1032-1044.

[143] 李跃飞,夏永秋,李晓波,等. 秦淮河典型河段总氮总磷时空变异特征[J]. 环境科学,2013,34(1):91-97.

[144] 李跃飞. 秦淮河氮、磷时空动态特征及基于硝态氮氮同位素方法的氮源辨别[D]. 南京:南京农业大学,2013.

[145] 李振. 沈阳市某典型区域空气质量分析及污染源解析[D]. 沈阳:辽宁大学,2019.

[146] 李致家,孔凡哲,王栋,等. 现代水文模拟与预报技术[M]. 南京:河海大学出版社,2010.

[147] 林超. 基于CLUE-S模型的基本农田划定[D]. 西安:长安大学,2012.

[148] 刘昌明,张永勇,王中根,等. 维护良性水循环的城镇化LID模式:海绵城市规划方法与技术初步探讨[J]. 自然资源学报,2016,31(5):719-731.

[149] 刘梅. 我国东部地区气候变化模拟预测与典型流域水文水质响应研究[D]. 杭州:浙江大学,2015.

[150] 陆汝成,黄贤金,左天惠,等. 基于CLUE-S和Markov复合模型的土地利用情景模拟研究——以江苏省环太湖地区为例[J]. 地理科学,2009,29(4):577-581.

[151] 罗应婷,杨钰娟. SPSS统计分析从基础到实践[M]. 北京:电子工业出版社,2007.

[152] 马小雪,王腊春. 里下河地区主要水环境污染物的空间分布特性研究[J]. 水资源与水工程学报,2014,25(6):1-6.

[153] 毛晓建. (青岛北宅)白沙河流域非点源污染模拟研究[D]. 济南:山东师范大学,2006.

[154] 南京市建邺区人民政府. 南河赛虹桥断面水质达标整治方案[EB/OL]. (2018-11-14)[2020-08-26]. https://max.book118.com/html/2018/1114/8006034024001133.shtm.

[155] 南京市三汊河口闸管理处,江苏省水文水资源勘测局南京分局. 秦淮新河调水效果分析研究[R]. 南京:南京市三汊河口闸管理处和江苏省水文水资源勘测局南京分局,2011.

[156] 南京市水利局,河海大学. 南京市水资源综合规划[R]. 南京:南京市水利局和河海大学,2011.

[157] 邱雨. 句容小流域污染物分布特征及其风险评价[D]. 南京:南京师范大学,2019.

[158] 阮桂海,蔡建琼,朱志海,等. 统计分析应用教程[M]. 北京:清华大学出版社,2003.

[159] 芮菡艺. 秦淮河流域土地利用变化及其水文效应[D]. 南京:南京大学,2012.

[160] 芮孝芳,朱庆平. 分布式流域水文模型研究中的几个问题[J]. 水利水电科技进展,2002,22(3):56-58.

[161] 沈晔娜. 流域非点源污染过程动态模拟及其定量控制[D]. 杭州:浙江大学,2010.

[162] 汪岗,范昭. 黄河水沙变化研究[M]. 郑州:黄河水利出版社,2002.

[163] 王翠榆,杨永辉,周丰,等. 沁河流域水体污染物时空分异特征及潜在污染源识别 [J]. 环境科学学报,2012,32(9):2267-2278.

[164] 王冀. 中国地区极端气温变化的模拟评估及其未来情景评估[D]. 南京:南京信息工 程大学,2008.

[165] 王建群,卢志华. 土地利用变化对水文系统的影响研究[J]. 地球科学进展,2003, 18(2):292-298.

[166] 王艳君,吕宏军,施雅风,等. 城市化流域的土地利用变化对水文过程的影响——以 秦淮河流域为例[J]. 自然资源学报,2009,24(1):30-36.

[167] 王振涛. 地表覆盖数据对水文模拟的影响[D]. 南京:南京大学,2012.

[168] 魏怀斌,张占庞,杨金鹏. SWAT模型土壤数据库建立方法[J]. 水利水电技术, 2007,38(6):15-18.

[169] 吴健生,冯喆,高阳,等. CLUE-S模型应用进展与改进研究[J]. 地理科学进展, 2012,31(1):3-10.

[170] 吴绍洪,赵艳,汤秋鸿,等. 面向"未来地球"计划的陆地表层格局研究[J]. 地理科学 进展,2015,34(1):10-17.

[171] 吴一鸣. 基于SWAT模型的浙江省安吉县西苕溪流域非点源污染研究[D]. 杭州: 浙江大学,2013.

[172] 武淑霞. 我国农村畜禽养殖业氮磷排放变化特征及其对农业面源污染的影响[D]. 北京:中国农业科学院,2005.

[173] 徐国宾,张金良,练继建. 黄河调水调沙对下游河道的影响分析[J]. 水科学进展, 2005,16(4):518-523.

[174] 徐群. 不同降雨条件和土地利用变化对军山湖流域非点源污染负荷的影响[D]. 南 昌:南昌大学,2012.

[175] 徐宗学. 水文模型[M]. 北京:科学出版社,2009.

[176] 徐祖信. 我国河流单因子水质标识指数评价方法研究[J]. 同济大学学报:自然科学 版,2005,33(3):321-325.

[177] 徐祖信. 我国河流综合水质标识指数评价方法研究[J]. 同济大学学报:自然科学 版,2005,33(4):482-488.

[178] 许见梅,周飞. 务实推进一体化,宁镇扬这么做[N]. 南京日报:南京都市圈,2020-07-09(A08).

[179] 许有鹏,丁瑾佳,陈莹. 长江三角洲地区城市化的水文效应研究[J]. 水利水运工程学报,2009(4):67-73.

[180] 许月卿,罗鼎,郭洪峰,等. 基于 CLUE-S 模型的土地利用空间布局多情景模拟研究——以甘肃省榆中县为例[J]. 北京大学学报:自然科学版,2013,49(3):523-529.

[181] 杨德敏,曹文志,陈能汪,等. 厦门城市降雨径流氮、磷污染特征[J]. 生态学杂志,2006,25(6):625-628.

[182] 杨丽萍. 浙江省两个典型流域水体污染特征及污染源解析研究[D]. 杭州:浙江大学,2015.

[183] 姚庆祯,于志刚,王婷,等. 调水调沙对黄河下游营养盐变化规律的影响[J]. 环境科学,2009,30(12):3534-3540.

[184] 尹爱经,高超,刘勇华,等. 秦淮河表层沉积物毒害微量元素分布特征及污染评价[J]. 环境化学,2011,30(11):1912-1918.

[185] 于磊,朱新军. 基于 SWAT 的中尺度流域土地利用变化水文响应模拟研究[J]. 水土保持研究,2007(4):53-56.

[186] 张建云,王国庆. 河川径流变化及归因定量识别[M]. 北京:科学出版社,2014.

[187] 张秋玲. 基于 SWAT 模型的平原区农业非点源污染模拟研究[D]. 杭州:浙江大学,2010.

[188] 张侠,葛向东,濮励杰,等. 土地利用的经济生态位分析和耕地保护机制研究[J]. 自然资源学报,2002,17(6):677-683.

[189] 张旭,蒋卫国,周廷刚,等. GIS 支持下的基于 DEM 的水文响应单元划分——以洞庭湖为例[J]. 地理与地理信息科学,2009,25(4):17-21.

[190] 镇江市人民政府. 关于《2019—2020 年镇江市突出环境问题清单》的公示[EB/OL]. (2019-01-10)[2020-08-26]. http://www.zhenjiang.gov.cn/gsgg/201901/t20190110_2106049.

[191] 周贝贝,王国祥,徐瑶,等. 南京秦淮河叶绿素 a 空间分布及其与环境因子的关系[J]. 湖泊科学,2012,24(2):267-272.

[192] 朱会义,李秀彬,何书金,等. 环渤海地区土地利用的时空变化分析[J]. 地理学报,2001,56(3):253-260.

[193] 朱会义,李秀彬. 关于区域土地利用变化指数模型方法的讨论[J]. 地理学报,2003,58(5):643-650.

[194] 朱利,张万昌. 基于径流模拟的汉江上游区水资源对气候变化响应的研究[J]. 资源

科学,2005,27(2):16-22.

[195] 朱现龙. 扬州市市辖区土地利用/覆被变化模拟研究[D]. 长沙:中南大学,2009.

[196] 朱星宇,陈勇强. SPSS 多元统计分析方法及应用[M]. 北京:清华大学出版社,2011.

[197] 住房城乡建设部. 海绵城市建设技术指南——低影响开发雨水系统构建[R].北京:住房城乡建设部,2014.

[198] 宗良纲,王艮梅,占新华,等. 南京秦淮河水环境质量现状评价[J]. 南京林业大学学报:自然科学版,2000,24(z1):81-83.